Chunjae
Makes
Chunjae

▼

[수학 단원평가]

기획총괄	박금옥
편집개발	지유경, 정소현, 조선영, 최윤석, 김장미, 유혜지, 남솔, 정하영, 김혜진
디자인총괄	김희정
표지디자인	윤순미, 여화경
내지디자인	이은정, 박주미
제작	황성진, 조규영

발행일	2024년 4월 15일 초판 2024년 4월 15일 1쇄
발행인	(주)천재교육
주소	서울시 금천구 가산로9길 54
신고번호	제2001-000018호
고객센터	1577-0902

1 단원

100까지의 수

개념정리 100까지의 수

개념① 60, 70, 80, 90 알아보기

 60 (육십, 예순)	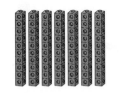 70 (칠십, 일흔)
 ❶⬜ (팔십, 여든)	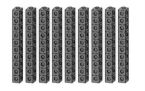 90 (구십, 아흔)

개념② 99까지의 수

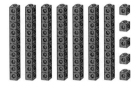

75

칠십오   일흔다섯

10개씩 묶음 7개와 낱개 ❷⬜개를 75라고 하고,

칠십오 또는 ❸⬜⬜⬜⬜(이)라고 읽습니다.

개념③ 수의 순서

(1) 수의 순서

63	64	65	66	67
68	69	70	71	72

↳ 69보다 1만큼   ↳ 69보다 1만큼
더 작은 수   더 큰 수

(2) 99보다 1만큼 더 큰 수

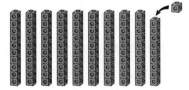

99보다 1만큼 더 큰 수를 100이라고 하고
백이라고 읽습니다.

개념④ 수의 크기 비교

(1) 10개씩 묶음의 수가 다를 때

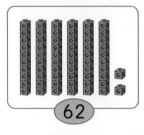 62	 55

· 10개씩 묶음의 수가 클수록 큰 수입니다.

· 62는 ❹⬜보다 큽니다. ⇨ 62 > 55

↳ 큰 수 쪽으로
벌려요.

(2) 10개씩 묶음의 수가 같을 때

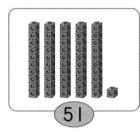 51	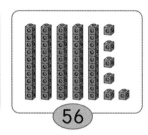 56

· 10개씩 묶음의 수가 같으므로 낱개의 수가
클수록 큰 수입니다.

· 51은 ❺⬜보다 작습니다. ⇨ 51 < 56

개념⑤ 짝수와 홀수

하나가 남습니다.

· 짝수: 2, 4, 6, 8, 10, 12와 같이 둘씩 짝을
지을 때 남는 것이 없는 수

· 홀수: 1, 3, 5, 7, 9, 11과 같이 둘씩 짝을
지을 때 하나가 남는 수

| 정답 | ❶ 80 ❷ 5 ❸ 일흔다섯 ❹ 55 ❺ 56

쪽지시험 1회 100까지의 수

1 그림을 보고 □ 안에 알맞은 수를 써넣으세요.

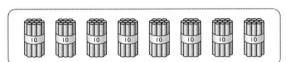

10개씩 묶음 □ 개는 □ 입니다.

2 구슬의 수를 세어 써 보세요.

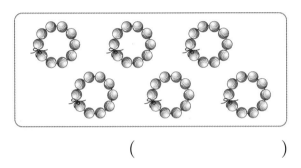

( )

3 보기 와 같이 수를 두 가지로 읽어 보세요.

보기

60 (육십, 예순)

70 (,)

4 □ 안에 알맞은 수를 써넣으세요.

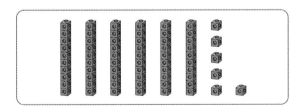

10개씩 묶음	낱개
6	6

⇨ □

[5~7] 그림을 보고 물음에 답하세요.

5 별 모양을 10개씩 묶어 보세요.

6 □ 안에 알맞은 수를 써넣으세요.

별 모양은 10개씩 묶음 □ 개와

낱개 □ 개입니다.

7 별 모양은 모두 몇 개일까요?

( )

8 알맞게 선으로 이어 보세요.

| 65 | • | • | 팔십사 |
| 84 | • | • | 육십오 |

9 수로 써 보세요.

여든아홉 ⇨ ( )

10 수를 두 가지로 읽어 보세요.

91

쪽지시험 2회 **100까지의 수**

점수

[1~2] 수의 순서대로 빈칸에 알맞은 수를 써넣으세요.

1
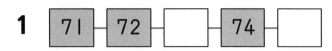

2
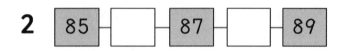

3 빈칸에 알맞은 수를 써넣으세요.

|만큼 더 작은 수 |만큼 더 큰 수

63

[4~5] 연결 모형을 보고 ☐ 안에 알맞은 수 나 말을 써넣으세요.

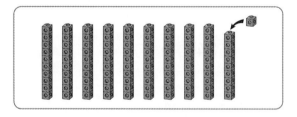

4 99보다 |만큼 더 큰 수는 ☐ 입니다.

5 100은 ☐ (이)라고 읽습니다.

6 그림을 보고 알맞은 말에 ◯표 하세요.

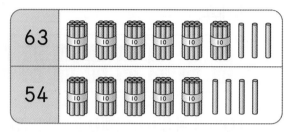

63은 54보다 (큽니다, 작습니다).

7 더 큰 수에 ◯표 하세요.

85   82

8 알맞은 말에 ◯표 하세요.

2, 4, 6, 8, 10, 12와 같은 수를 (짝수, 홀수)라고 합니다.

9 두 수의 크기를 비교하여 ◯ 안에 >, < 를 알맞게 써넣으세요.

66 ◯ 72

10 그림을 보고 ☐ 안에 '짝수'나 '홀수' 중 알맞은 말을 써넣으세요.

⇨ 5는 ☐ 입니다.

1 그림을 보고 □ 안에 알맞은 수를 써넣으세요.

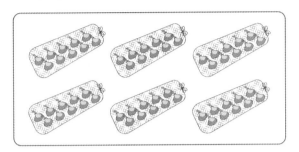

10개씩 묶음 ☐ 개이므로 ☐ 입니다.

2 □ 안에 알맞은 수를 써넣으세요.

90은 10개씩 묶음 ☐ 개입니다.

3 그림을 보고 빈칸에 알맞은 수를 써넣으세요.

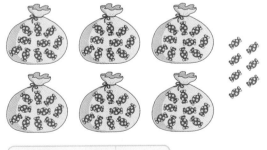

10개씩 묶음	낱개
6	

⇨ ☐

4 □ 안에 알맞은 수를 써넣으세요.

87은 10개씩 묶음 8개와 낱개

☐ 개입니다.

5 수로 써 보세요.

일흔셋

( )

6 보기 와 같이 수를 두 가지로 읽어 보세요.

보기

75 (칠십오, 일흔다섯)

94 (,)

[7~8] 수의 순서대로 빈칸에 알맞은 수를 써넣으세요.

7

| 56 | 57 | | 59 | |

8

| 79 | | | 82 | |

9 99보다 1만큼 더 큰 수를 써 보세요.

(   )

10 알맞게 선으로 이어 보세요.

팔십일	· ·	54	· ·	일흔여섯
오십사	· ·	76	· ·	쉰넷
칠십육	· ·	81	· ·	여든하나

11 빈칸에 알맞은 수를 써넣으세요.

1만큼 더 작은 수   1만큼 더 큰 수

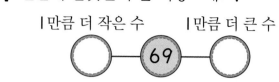

12 96부터 수를 순서대로 선으로 이어 보세요.

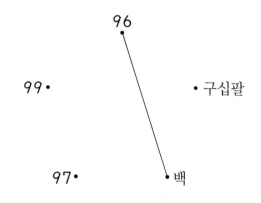

13 ☐ 안에 알맞은 수를 써넣으세요.

83과 85 사이의 수는 ☐ 입니다.

14 병아리의 수를 세어 쓰고 짝수인지 홀수인지 ○표 하세요.

(짝수, 홀수)

15 그림을 보고 □ 안에 알맞은 수를 써넣으세요.

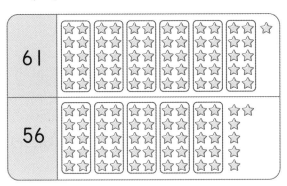

61은 ☐ 보다 큽니다.

☐ 은/는 ☐ 보다 작습니다.

[16~17] 두 수의 크기를 비교하여 ○ 안에 >, <를 알맞게 써넣으세요.

16 73 ◯ 59

17 80 ◯ 84

18 알맞게 선으로 이어 보세요.

15 •   • 짝수

8 •   • 홀수

19 현준이가 한 봉지에 10개씩 든 사탕을 7봉지 가지고 있습니다. 현준이가 가지고 있는 사탕은 모두 몇 개일까요?

(   )

20 곶감이 10개씩 묶음 5개와 낱개 9개가 있습니다. 곶감은 모두 몇 개일까요?

(   )

1 □ 안에 알맞은 수를 써넣으세요.

10개씩 묶음 7개는 □ 입니다.

2 그림을 보고 □ 안에 알맞은 수를 써넣으세요.

10개씩 묶음 □ 개와 낱개 □ 개를

□ (이)라고 합니다.

3 왼쪽 수를 보고 빈칸에 알맞은 수를 써넣으세요.

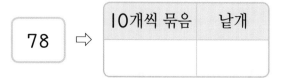

	10개씩 묶음	낱개
78 ⇨		

4 수의 순서대로 빈칸에 알맞은 수를 써넣으세요.

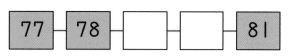

77	78			81

5 수를 두 가지로 읽어 보세요.

수	읽기	
90	구십	
85		여든다섯

6 다음에서 설명하는 수를 써 보세요.

• 90보다 10만큼 더 큰 수입니다.
• 99보다 1만큼 더 큰 수입니다.

(   )

7 알맞게 선으로 이어 보세요.

10개씩 묶음 5개 낱개 6개	•	•	팔십일
10개씩 묶음 7개 낱개 2개	•	•	오십육
10개씩 묶음 8개 낱개 1개	•	•	칠십이

8 57부터 수를 순서대로 선으로 이어 보세요.

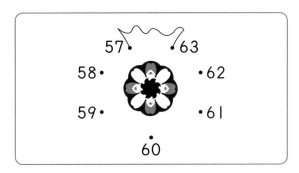

9 그림을 보고 알맞은 말에 ○표 하세요.

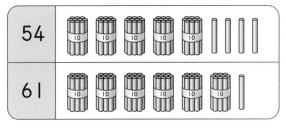

54는 61보다 (큽니다, 작습니다).

10 그림을 보고 □ 안에 '짝수'나 '홀수' 중 알맞은 말을 써넣으세요.

⇨ 10은 [　　　　]입니다.

11 빈칸에 알맞은 수를 써넣으세요.

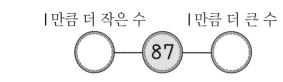

12 주어진 수보다 1만큼 더 큰 수에 ○표 하세요.

70

(68, 71, 69)

13 더 큰 수에 ○표 하세요.

69　　81

14 별 모양의 수를 세어 □ 안에 써넣고 그 수를 두 가지로 읽어 보세요.

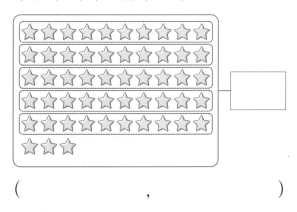

(　　　　　,　　　　　)

15 홀수에 색칠해 보세요.

24   13

16 두 수의 크기를 비교하여 ○ 안에 >, < 를 알맞게 써넣으세요.

66 ○ 58

17 두 수 중 더 작은 수를 수로 써 보세요.

일흔아홉   여든둘

(   )

18 가장 큰 수에 ○표, 가장 작은 수에 △표 하세요.

76   81   78

19 도넛이 10개씩 담긴 5상자와 낱개 7개 가 있습니다. 도넛은 모두 몇 개일까요?

(   )

20 1부터 9까지의 수 중에서 □ 안에 들어 갈 수 있는 수를 구하세요.

□6>92

(   )

1
단원

단원평가 3회 100까지의 수

1 그림을 보고 □ 안에 알맞은 수를 써넣으세요.

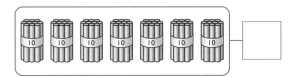

2 수로 써 보세요.

아흔둘

(   )

3 □ 안에 알맞은 수를 써넣으세요.

79는 10개씩 묶음 □개와 낱개

□개입니다.

4 나타내는 수가 나머지와 <u>다른</u> 하나를 찾아 색칠해 보세요.

5 알맞게 선으로 이어 보세요.

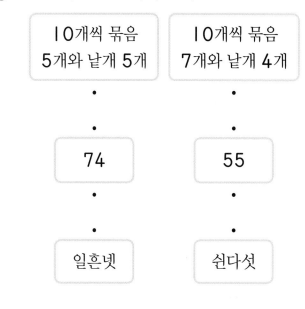

6 60이 되도록 ○를 더 그려 넣으세요

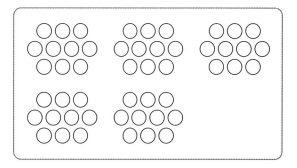

7 빈칸에 알맞은 수를 써넣으세요.

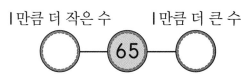

8 수를 순서대로 알맞게 쓴 것에 ○표 하세요.

| 59 | 60 | 61 | 62 | ( ) |

| 64 | 65 | 69 | 60 | ( ) |

9 귤의 수를 세어 보고 짝수인지 홀수인지 ○표 하세요.

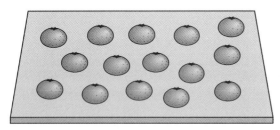

귤의 수는 (짝수, 홀수)입니다.

10 다음 중 100을 나타내는 수가 <u>아닌</u> 것은 어느 것일까요? ············ ( )

① 99보다 1만큼 더 큰 수
② 90보다 10만큼 더 작은 수
③ 99 바로 뒤의 수
④ 10개씩 묶음 10개인 수
⑤ 90보다 10만큼 더 큰 수

11 두 수의 크기를 비교하여 ○ 안에 >, <를 알맞게 써넣으세요.

79 ◯ 81

12 수의 순서대로 빈칸에 알맞은 수를 써넣으세요.

50		52	53	
			58	59
60	61	62		

13 깃발에 쓰여 있는 수보다 큰 수를 모두 찾아 ○표 하세요.

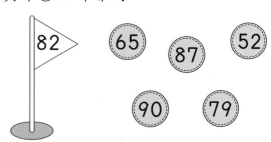

14 다음이 나타내는 수를 두 가지로 읽어 보세요.

> 70보다 1만큼 더 작은 수

(,   )

15 가장 작은 수를 찾아 기호를 써 보세요.

> ㉠ 76   ㉡ 일흔다섯
> ㉢ 10개씩 묶음 5개와 낱개 4개

(   )

16 화분 한 개에 꽃을 10송이씩 8개의 화분에 심었습니다. 화분에 심은 꽃은 모두 몇 송이일까요?

(   )

17 67보다 크고 71보다 작은 수는 모두 몇 개일까요?

(   )

18 운동장에서 어린이 94명이 짝짓기 놀이를 하고 있습니다. 10명씩 짝을 지으면 짝을 짓지 못하는 어린이는 몇 명일까요?

(   )

19 0부터 9까지의 수 중에서 □ 안에 들어갈 수 있는 수를 모두 구하세요.

> 64>6□

(   )

서술형
20 3장의 수 카드 중 2장을 골라 한 번씩만 사용하여 두 자리 수를 만들려고 합니다. 만들 수 있는 가장 큰 수는 얼마인지 풀이 과정을 쓰고 답을 구하세요.

> 7   3   8

풀이

답 _____

[1~2] 그림을 보고 □ 안에 알맞은 수를 써넣으세요.

1

10개씩 묶음 [ ]개이므로 [ ]입니다.

2

10개씩 묶음 [ ]개와 낱개 [ ]개이므로 [ ]입니다.

3 알맞게 선으로 이어 보세요.

60	·	· 구십 ·	· 일흔
90	·	· 육십 ·	· 아흔
70	·	· 칠십 ·	· 예순

4 보기 와 같이 수를 두 가지로 읽어 보세요.

보기

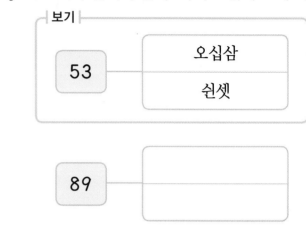

53 ── 오십삼 / 쉰셋

89 ──

5 다음이 나타내는 수를 쓰고 읽어 보세요.

99보다 1만큼 더 큰 수

쓰기 (   )
읽기 (   )

6 사탕은 모두 몇 개일까요?

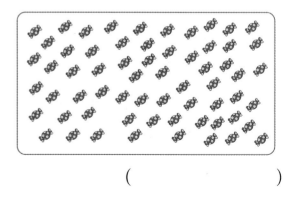

(   )

7 수의 순서대로 빈칸에 알맞은 수를 써넣으세요.

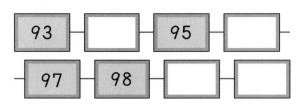

8 더 큰 수에 ○표 하세요.

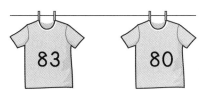

9 알맞은 말에 ○표 하세요.

ㅣ, 3, 5, 7, 9, ㅣㅣ과 같은 수를 (짝수, 홀수)라고 합니다.

10 주어진 수보다 ㅣ만큼 더 큰 수에 ○표, ㅣ만큼 더 작은 수에 △표 하세요.

```
77     58     75     66
```

11 수를 세어 □ 안에 써넣고 더 큰 수에 ○표 하세요.

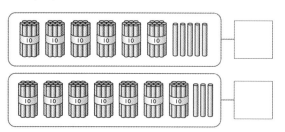

12 □ 안에 알맞은 수를 써넣으세요.

75와 78 사이에 있는 수는
☐ , ☐ 입니다.

13 알맞은 말에 ○표 하고, ○ 안에 >, < 를 알맞게 써넣으세요.

92는 86보다 (큽니다, 작습니다).
⇨ 92 ◯ 86

14 작은 수부터 순서대로 써 보세요.

(   )

15 짝수가 적힌 공을 색칠해 보세요.

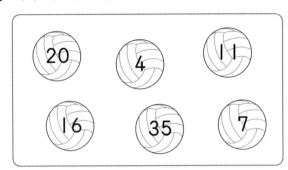

16 작은 수부터 순서대로 수 카드를 놓았습니다. 84 는 ㉠, ㉡, ㉢ 중에서 어디에 놓아야 할까요?

75 ㉠ 82 ㉡ 90 ㉢ 92

(   )

17 86보다 크고 93보다 작은 수는 모두 몇 개일까요?

(   )

18 다음은 세 사람이 캔 감자의 수를 나타낸 것입니다. 감자를 가장 많이 캔 사람은 누구일까요?

지영	희규	혜미
75개	81개	86개

(   )

19 수진이가 과수원에서 따 온 복숭아를 한 봉지에 10개씩 담았더니 6봉지가 되고 5개가 남았습니다. 수진이가 과수원에서 따 온 복숭아는 모두 몇 개일까요?

(   )

서술형
20 1부터 9까지의 수 중에서 □ 안에 들어갈 수 있는 가장 큰 수는 얼마인지 풀이 과정을 쓰고 답을 구하세요.

□7<75

풀이

답 _____

단원평가 5회 **100까지의 수**

1 연결 모형을 보고 □ 안에 알맞은 수를 써넣으세요.

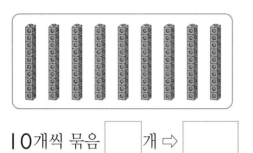

10개씩 묶음 [ ]개 ⇨ [ ]

2 수로 써 보세요.

일흔둘

( )

3 수를 두 가지로 읽어 보세요.

57

(,)

4 수의 순서대로 빈칸에 알맞은 수를 써넣으세요.

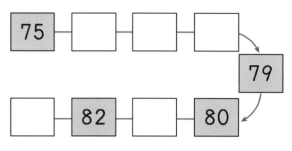

5 더 큰 수에 ○표 하세요.

55   58

6 다음 중 수를 바르게 읽은 것은 어느 것일까요?·····················( )

① 73 – 일흔셋   ② 88 – 여든아홉
③ 67 – 일흔일곱 ④ 76 – 칠십여섯
⑤ 85 – 여든오

7 두 수의 크기를 비교하여 ◯ 안에 >, <를 알맞게 써넣으세요.

| 구십오 | ◯ | 아흔일곱 |

8 종이학을 진아는 99개 접었고, 민재는 진아보다 1개 더 많이 접었습니다. 민재가 접은 종이학은 몇 개일까요?

( )

9 짝수를 모두 찾아 ◯표, 홀수를 모두 찾아 △표 하세요.

1	2	3	4	5
6	7	8	9	10

10 클립을 지원이는 80개 가지고 있고, 승기는 68개 가지고 있습니다. 지원이와 승기 중 누가 클립을 더 많이 가지고 있을까요?

( )

11 귤 60개를 한 봉지에 10개씩 담으려고 합니다. 봉지는 몇 개 필요할까요?

( )

12 나타내는 수가 작은 수부터 차례대로 기호를 써 보세요.

> ㉠ 63보다 10만큼 더 큰 수
> ㉡ 70보다 1만큼 더 작은 수
> ㉢ 69보다 1만큼 더 큰 수

( )

13 1부터 9까지의 수 중에서 ☐ 안에 들어갈 수 있는 수는 모두 몇 개일까요?

77 < ☐3

( )

14 다음 중 가장 큰 홀수를 찾아 써 보세요.

| 17 | 10 | 35 | 42 |

( )

15 구슬을 보고 옳게 말한 사람의 이름을 써 보세요.

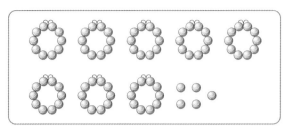

> 서윤: I0개씩 묶음 7개와 낱개 5개로 구슬은 75개 있어.
>
> 지민: 구슬이 여든다섯 개 있어.
>
> 민재: 구슬의 수는 짝수야.

(   )

16 어린이들이 번호 순서대로 줄을 서서 박물관에 입장하고 있습니다. 78번 어린이와 83번 어린이 사이에 서 있는 어린이는 모두 몇 명일까요?

(   )

서술형

17 한 상자에 I0개씩 들어 있는 사과 9상자가 있었습니다. 그중에서 2상자를 팔았다면 남아 있는 사과는 몇 개인지 풀이 과정을 쓰고 답을 구하세요.

풀이

답 _____

18 다음을 모두 만족하는 수를 구하세요.

> • 59보다 크고 63보다 작은 수입니다.
> • 홀수입니다.

(   )

19 태호는 누름 못을 I0개씩 묶음 5개와 낱개로 I4개 샀습니다. 태호가 산 누름 못은 모두 몇 개일까요?

(   )

서술형

20 4장의 수 카드 중 2장을 골라 한 번씩만 사용하여 두 자리 수를 만들려고 합니다. 만들 수 있는 수 중 36보다 크고 68보다 작은 수는 모두 몇 개인지 풀이 과정을 쓰고 답을 구하세요.

| 6 | 3 | 4 | 8 |

풀이

답 _____

1 연결 모형의 수를 두 가지로 읽어 보세요.

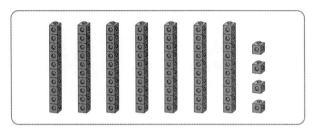

❶ 연결 모형의 수를 세어 써 보세요.

(   )

❷ 연결 모형의 수를 두 가지로 읽어 보세요.

(,   )

2 딸기가 10개씩 묶음 7개, 낱개 8개가 있습니다. 귤이 딸기보다 1개 더 많다면 귤은 몇 개일까요?

❶ 딸기는 몇 개일까요?

(   )

❷ 딸기의 수보다 1만큼 더 큰 수는 얼마일까요?

(   )

❸ 귤은 몇 개일까요?

(   )

3 줄넘기를 현우는 71번, 지아는 69번, 서우는 80번 넘었습니다. 줄넘기를 가장 많이 넘은 사람은 누구인지 구하세요.

❶ 71, 69, 80 중에서 가장 큰 수를 써 보세요.

(   )

❷ 줄넘기를 가장 많이 넘은 사람의 이름을 써 보세요.

(   )

4 ㉠보다 크고 ㉡보다 작은 수를 모두 구하세요.

> ㉠ 아흔다섯
> ㉡ 90보다 10만큼 더 큰 수

❶ ㉠을 수로 써 보세요.

(   )

❷ ㉡이 나타내는 수는 얼마일까요?

(   )

❸ ㉠보다 크고 ㉡보다 작은 수를 모두 써 보세요.

(   )

서술형 평가 ❷   100까지의 수

1 할아버지는 할머니보다 한 살 더 많습니다. 올해 할아버지의 나이는 몇 살인지 풀이 과정을 쓰고 답을 구하세요.

난 올해
예순일곱 살이란다.

할머니

풀이

답 _____

🖊 **어떻게 풀까요?**

예순일곱보다 l만큼 더 큰 수를 알아봅니다.

2 초콜릿이 83개 있습니다. 초콜릿을 한 봉지에 l0개씩 담으면 몇 봉지까지 담고 몇 개가 남는지 풀이 과정을 쓰고 답을 구하세요.

풀이

답 _____ , _____

🖊 **어떻게 풀까요?**

83은 l0개씩 묶음 몇 개와 낱개 몇 개인지 알아봅니다.

3 3장의 수 카드 중 2장을 골라 한 번씩만 사용하여 두 자리 수를 만들려고 합니다. 만들 수 있는 가장 큰 수는 얼마인지 풀이 과정을 쓰고 답을 구하세요.

| 5 | 4 | 9 |

풀이

답 _____

🖉 **어떻게 풀까요?**

가장 큰 두 자리 수를 만들려면 큰 수부터 10개씩 묶음의 수, 낱개의 수에 차례대로 놓습니다.

4 0부터 9까지의 수 중에서 ♥에 들어갈 수 있는 가장 작은 수는 얼마인지 풀이 과정을 쓰고 답을 구하세요.

$$7♥ > 76$$

풀이

답 _____

🖉 **어떻게 풀까요?**

먼저 ♥에 들어갈 수 있는 수를 모두 알아봅니다.

1 다음 중에서 잘못 읽은 것은 어느 것일까요? .... (   )

① 100 ⇨ 백
② 52 ⇨ 오십이, 쉰둘
③ 83 ⇨ 팔십셋, 여든삼
④ 65 ⇨ 육십오, 예순다섯
⑤ 99 ⇨ 구십구, 아흔아홉

2 다음에서 짝수는 모두 몇 개일까요?

| 3 | 18 | 42 | 27 | 10 |

(   )

3 사탕의 수를 세어 써 보세요.

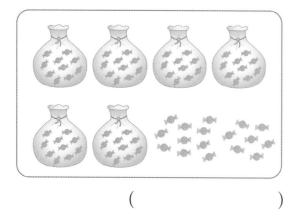

(   )

4 31보다 크고 37보다 작은 짝수를 모두 써 보세요.

(   )

5 ㉠과 ㉡ 사이의 수는 모두 몇 개일까요?

㉠ 49보다 1만큼 더 큰 수
㉡ 57보다 1만큼 더 작은 수

(   )

2단원

덧셈과 뺄셈 (1)

개념 ① 세 수의 덧셈

(1) ○를 그리고 식으로 나타내기

$2+3+4=9$

(2) 세 수의 덧셈 방법 알아보기

$2+3=5$

$5+4=$ ❶

$2+3+4=$ ❷
5
9

개념 ② 세 수의 뺄셈

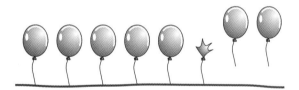

(1) /을 그리고 식으로 나타내기

$8-2-1=5$

터진 풍선 1개   날아간 풍선 2개

(2) 세 수의 뺄셈 방법 알아보기

$8-2=6$

$6-1=$ ❸

$8-2-1=$ ❹
6
5

개념 ③ 10이 되는 더하기

(1) 덧셈식 비교하기

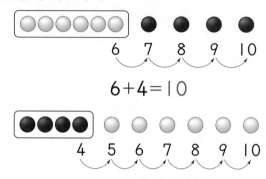
6 7 8 9 10

$6+4=10$

4 5 6 7 8 9 10

$4+6=10$

두 수를 바꾸어 더해도 결과가 같습니다.

(2) 10이 되는 더하기

$1+9=10$
$2+8=10$
$3+7=10$
$4+6=10$
$5+5=10$
$6+4=10$
$7+3=10$
$8+2=10$
$9+1=10$

(3) 더해서 10이 되는 수 구하기

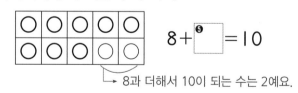

$8+$ ❺ $=10$

→ 8과 더해서 10이 되는 수는 2예요.

| 정답 | ❶ 9 ❷ 9 ❸ 5 ❹ 5 ❺ 2

개념④ 10에서 빼기

(1) 뺄셈식 비교하기

$$10-4=6$$

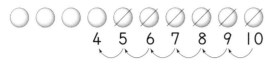

$$10-6=4$$

4와 6은 더해서 10이 되는 두 수입니다.
10에서 4를 빼면 계산 결과는 6이고,
10에서 6을 빼면 계산 결과는 4입니다.

(2) 10에서 빼기

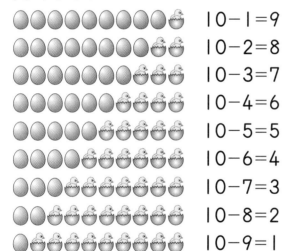

$$10-1=9$$
$$10-2=8$$
$$10-3=7$$
$$10-4=6$$
$$10-5=5$$
$$10-6=4$$
$$10-7=3$$
$$10-8=2$$
$$10-9=1$$

(3) 10에서 빼고 남은 수 구하기

→ 10에서 7을 빼고 남은 수는 3이에요.

$$10-7=\boxed{}^{❻}$$

개념⑤ 10을 만들어 더하기

(1) 앞의 두 수로 10을 만들어 세 수를 더하기

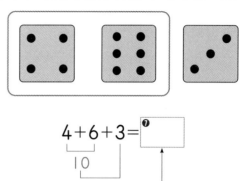

$$4+6+3=\boxed{}^{❼}$$

(2) 뒤의 두 수로 10을 만들어 세 수를 더하기

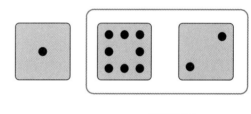

$$1+8+2=\boxed{}^{❽}$$

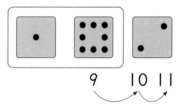
| 정답 | ❻ 3 ❼ 13 ❽ 11

2 단원 쪽지시험 1회   덧셈과 뺄셈 (1)

점수

[1~3] 주어진 물건은 모두 몇 개인지 물음에 답하세요.

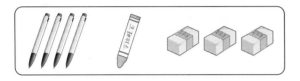

1 물건의 개수만큼 ○를 그려 보세요.

2 $4+1+3$을 두 개로 나누어서 계산해 보세요.

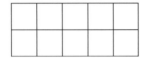

$$4+1=\boxed{}$$
$$\boxed{}+3=\boxed{}$$

3 덧셈을 해 보세요.

$$4+1+3=\boxed{}$$
5

[4~5] □ 안에 알맞은 수를 써넣으세요.

4 $5+2+2=\boxed{}$

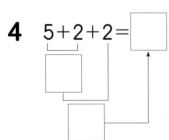

5 $2+3+1=\boxed{}$

[6~8] 사탕 9개 중에서 윤하가 3개, 제나가 2개를 먹었습니다. 물음에 답하세요.

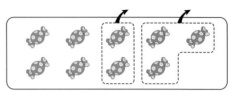

6 제나가 먹은 사탕의 개수만큼 /을 더 그려 보세요.

→ 윤하가 먹은 사탕의 개수만큼 /을 그렸어

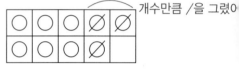

7 $9-3-2$를 두 개로 나누어서 계산해 보세요.

$$9-3=\boxed{}$$
$$\boxed{}-2=\boxed{}$$

8 뺄셈을 해 보세요.

$$9-3-2=\boxed{}$$
6

[9~10] □ 안에 알맞은 수를 써넣으세요.

9 $7-1-2=\boxed{}$

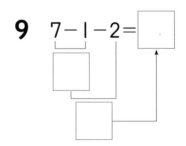

10 $8-2-3=\boxed{}$

쪽지시험 2회   **덧셈과 뺄셈**(1)

1 모으기를 이용하여 □ 안에 알맞은 수를 써넣으세요.

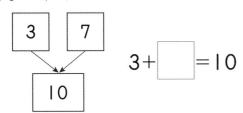

$3+\boxed{}=10$

〔2~3〕 □ 안에 알맞은 수를 써넣으세요.

2

$5+\boxed{}=10$

3

$6+\boxed{}=10$

〔4~5〕 더해서 10이 되도록 빈칸에 ○를 그리고, □ 안에 알맞은 수를 써넣으세요.

4
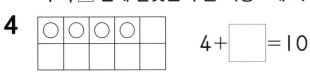

$4+\boxed{}=10$

5

$7+\boxed{}=10$

6 가르기를 이용하여 뺄셈을 해 보세요.

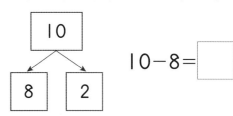

$10-8=\boxed{}$

〔7~8〕 □ 안에 알맞은 수를 써넣으세요.

7
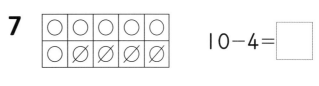

$10-4=\boxed{}$

8
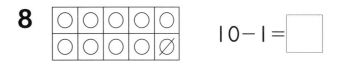

$10-1=\boxed{}$

〔9~10〕 그림을 보고 □ 안에 알맞은 수를 써넣으세요.

9
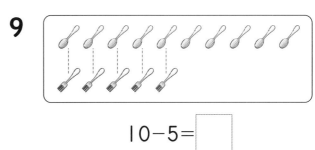

$10-5=\boxed{}$

10
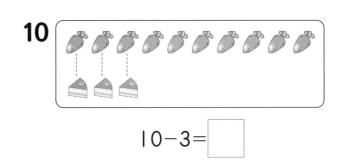

$10-3=\boxed{}$

[1~3] 과일은 모두 몇 개인지 물음에 답하세요.

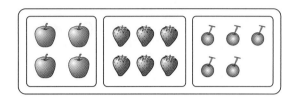

1 과일의 개수만큼 ○를 그려 보세요.

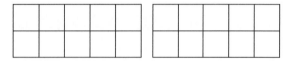

2 알맞은 말에 ○표 하세요.

4+6+5를 계산할 때 (앞의 , 뒤의) 두 수를 더해 10을 만듭니다.

3 덧셈을 해 보세요.

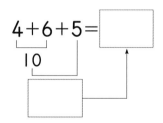

[4~5] ☐ 안에 알맞은 수를 써넣으세요.

4 7+3+8=☐

5 1+9+4=☐

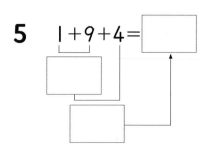

[6~7] 3개의 주사위 눈의 수는 모두 몇 개인지 물음에 답하세요.

6 알맞은 말에 ○표 하세요.

5+7+3을 계산할 때 (앞의 , 뒤의) 두 수를 더해 10을 만듭니다.

7 덧셈을 해 보세요.

5+7+3=☐

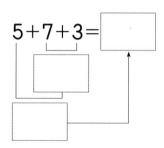

[8~9] ☐ 안에 알맞은 수를 써넣으세요.

8 6+5+5=☐

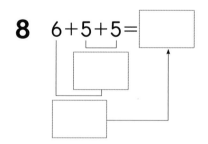

9 3+9+1=☐

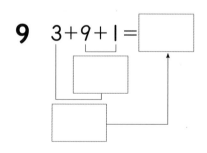

10 세 수의 덧셈을 해 보세요.

2+8+4=☐

[1~2] 그림을 보고 □ 안에 알맞은 수를 써 넣으세요.

1

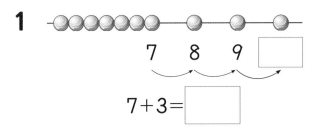

7   8   9   □

$7+3=$ □

2

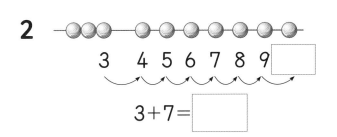

3   4   5   6   7   8   9   □

$3+7=$ □

3 그림을 보고 두 수를 더해 보세요.

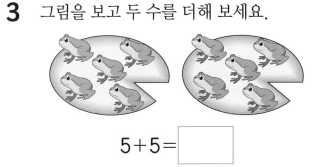

$5+5=$ □

[4~5] 수직선을 보고 □ 안에 알맞은 수를 써넣으세요.

4

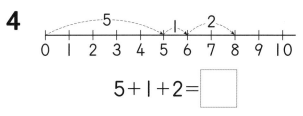

$5+1+2=$ □

5

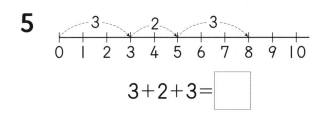

$3+2+3=$ □

[6~7] 그림을 보고 □ 안에 알맞은 수를 써 넣으세요.

6

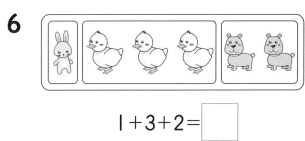

$1+3+2=$ □

7

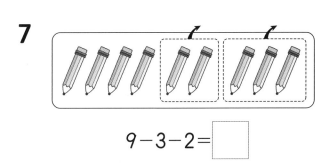

$9-3-2=$ □

[8~9] 그림을 보고 □ 안에 알맞은 수를 써 넣으세요.

8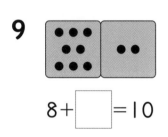

$9 + \boxed{} = 10$

9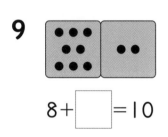

$8 + \boxed{} = 10$

10 덧셈을 해 보세요.

$6 + 4 = \boxed{}$

11 그림을 보고 알맞은 식에 ○표 하세요.

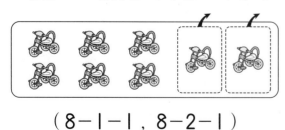

$(\ 8-1-1,\ 8-2-1\ )$

12 뺄셈식에 맞게 ○에 /을 그리고 뺄셈을 해 보세요.

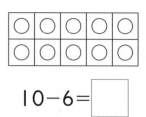

$10 - 6 = \boxed{}$

13 □ 안에 알맞은 수를 써넣으세요.

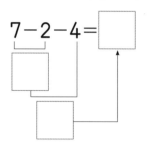

14 다음 그림에 맞는 덧셈식은 어느 것일까요? ……………………… (　　)

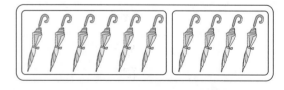

① $6 + 2 = 8$　　② $8 + 1 = 9$
③ $1 + 9 = 10$　　④ $6 + 4 = 10$
⑤ $6 + 3 = 9$

〔15~16〕 □ 안에 알맞은 수를 써넣으세요.

15 3+7+4=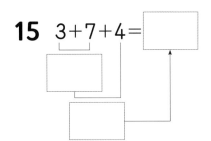

16 5+8+2=

17 수 카드 두 장을 골라 덧셈식을 완성해 보세요.

| 2 | 3 | 4 | 5 |

1+ □ + □ =6

18 계산 결과가 10이 되는 칸에 모두 색칠해 보세요.

8+2	4+5	7+3
2+6	5+5	6+4

19 귤이 10개 있습니다. 수호가 귤을 9개 먹는다면 귤은 몇 개가 남을까요?

(   )

20 계산 결과가 같은 것끼리 선으로 이어 보세요.

| 5+5+3 | | 2+9+1 |

| 2+10 | 10+3 | 10+4 |

단원평가 2회   덧셈과 뺄셈 (1)

2 단원

난이도 A B C

점수

스피드 정답 3쪽 | 정답 및 풀이 18쪽

[1~2] 그림을 보고 ☐ 안에 알맞은 수를 써 넣으세요.

1

$$7+3=\boxed{}$$

2

$$2+8=\boxed{}$$

[3~4] 그림을 보고 물음에 답하세요.

○○○○○○●●●●
●●●●○○○○○○

3 덧셈을 해 보세요.

$$6+4=\boxed{}$$

$$4+6=\boxed{}$$

4 알맞은 말에 ○표 하세요.

　두 수를 바꾸어 더해도 결과가
　(같습니다 , 다릅니다).

5 책의 수만큼 ○를 그리고 ☐ 안에 알맞은 수를 써넣으세요.

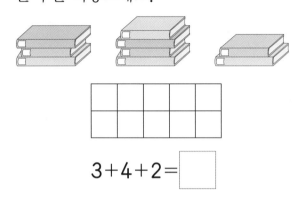

$$3+4+2=\boxed{}$$

[6~7] 그림을 보고 ☐ 안에 알맞은 수를 써 넣으세요.

6

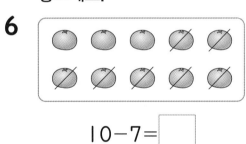

$$10-7=\boxed{}$$

7

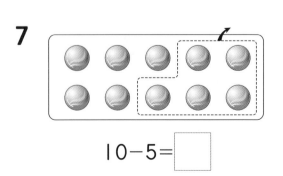

$$10-5=\boxed{}$$

〔8~9〕 그림을 보고 ☐ 안에 알맞은 수를 써 넣으세요.

8

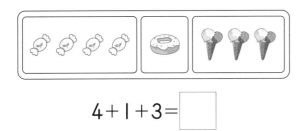

$4+1+3=$ ☐

9

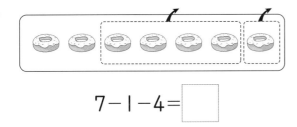

$7-1-4=$ ☐

〔10~11〕 ☐ 안에 알맞은 수를 써넣으세요.

10 $8+$ ☐ $=10$

11 $3+$ ☐ $=10$

12 ☐ 안에 알맞은 수를 써넣으세요.

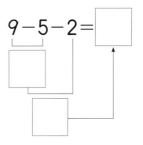

$9-5-2=$ ☐

〔13~14〕 수 카드 3장이 있습니다. 물음에 답하세요.

13 더해서 10이 되는 두 수는 무엇일까요?

(,   )

14 10을 만들어 세 수의 덧셈을 해 보세요.

$5+9+1=$ ☐

15 덧셈을 해 보세요.

$$6+4+7=\boxed{}$$

16 더해서 10이 되는 두 수를 선으로 이어 보세요.

2　　　9　　　7

3　　　8　　　1

17 세 수의 합을 빈칸에 써넣으세요.

4	6	8

18 수 카드 두 장을 골라 뺄셈식을 완성해 보세요.

2　3　4　5

$$7-\boxed{}-\boxed{}=2$$

19 주아는 사탕 7개 중에서 지호에게 5개, 민호에게 1개를 주었습니다. 주아에게 남아 있는 사탕은 몇 개일까요?

(　　　　　　　)

20 점(●)의 수를 모두 더하면 얼마일까요?

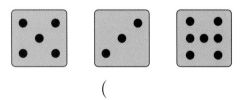

(　　　　　　　)

단원평가 3회 · 덧셈과 뺄셈(1)

1 달걀판에 남은 달걀의 수를 구하세요.

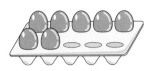

$10-3=\boxed{}$

2 화분에 활짝 핀 꽃의 수를 구하세요.

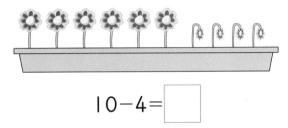

$10-4=\boxed{}$

[3~4] 수직선을 보고 □ 안에 알맞은 수를 써넣으세요.

3

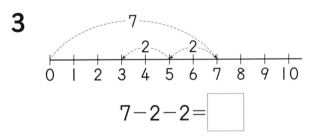

$7-2-2=\boxed{}$

4

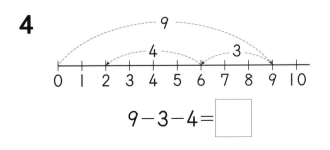

$9-3-4=\boxed{}$

[5~6] 그림을 보고 □ 안에 알맞은 수를 써넣으세요.

5

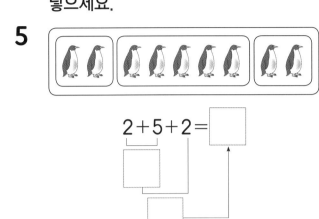

$2+5+2=\boxed{}$

6

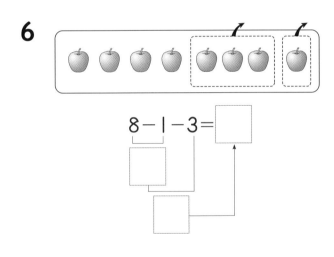

$8-1-3=\boxed{}$

7 두 수를 바꾸어 더해 보세요.

$2+8=\boxed{}$

$8+2=\boxed{}$

8 □ 안에 알맞은 수를 써넣으세요.

$$1+\boxed{}=10$$

$$2+\boxed{}=10$$

[9~10] 2+8+8을 계산하려고 합니다. 물음에 답하세요.

9 덧셈식에 맞게 빈칸에 ○를 더 그려 보세요.

10 위의 **9**를 보고 2+8+8을 계산해 보세요.

$$2+8+8=\boxed{}$$

11 뺄셈을 해 보세요.

$$7-5-1=\boxed{}$$

12 덧셈을 해 보세요.

$$7+9+1=\boxed{}$$

13 합을 구하여 선으로 이어 보세요.

$$1+6+2 \qquad 3+3+2$$

・ ・

・ ・ ・

7 8 9

14 그림을 보고 덧셈식을 완성해 보세요.

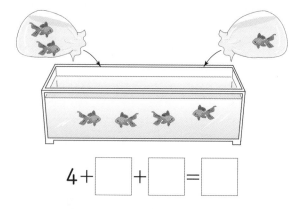

$$4+\boxed{}+\boxed{}=\boxed{}$$

15 다음 중 덧셈을 <u>잘못한</u> 것은 어느 것일까요? ······················ (   )

① 8+2=10　　② 7+3=10
③ 6+3=10　　④ 5+5=10
⑤ 3+7=10

16 계산 결과가 더 큰 것의 기호를 써 보세요.

㉠ 10−6
㉡ 8−3−2

(   )

17 1학년에서 구두를 신은 학생을 조사하였더니 1반에는 6명, 2반에는 4명, 나머지 반에는 9명이 있었습니다. 구두를 신은 1학년 학생은 모두 몇 명일까요?

(   )

18 계산 결과가 같은 것끼리 선으로 이어 보세요.

4+7+3	·	·	5+10
8+2+6	·	·	4+10
5+9+1	·	·	10+6

19 보기와 같이 합이 10이 되는 두 수를 묶고 덧셈을 해 보세요.

보기

3　7　2

3+7+2=12

4　6　5

4+6+5=☐

서술형

20 피자 한 판을 8조각으로 나누어 서령이가 3조각, 주원이가 2조각을 먹었습니다. 두 사람이 먹고 남은 피자는 몇 조각인지 풀이 과정을 쓰고 답을 구하세요.

풀이

답 _____

단원평가 4회   덧셈과 뺄셈 (1)

스피드 정답 3쪽 | 정답 및 풀이 19쪽

〔1~2〕 그림을 보고 ☐ 안에 알맞은 수를 써넣으세요.

1

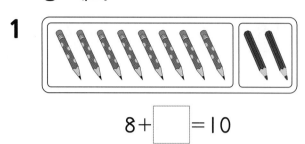

$$8 + \boxed{} = 10$$

2

$$9 + \boxed{} = 10$$

3 덧셈을 해 보세요.

$$5 + 5 = \boxed{}$$

4 그림을 보고 ☐ 안에 알맞은 수를 써넣으세요.

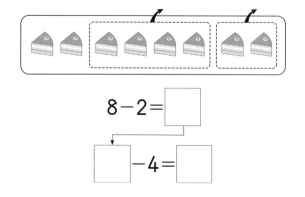

$$8 - 2 = \boxed{}$$

$$\boxed{} - 4 = \boxed{}$$

〔5~6〕 6＋7＋3을 계산하려고 합니다. 물음에 답하세요.

$$6 + 7 + 3$$
$$\underbrace{}_{\text{㉠}} \underbrace{}_{\text{㉡}}$$

5 10을 만들어 세 수를 더하려면 ㉠과 ㉡ 중 어느 것을 먼저 계산해야 할까요?

(   )

6 10을 만들어 세 수의 덧셈을 해 보세요.

$$6 + 7 + 3 = \boxed{}$$

7 ☐ 안에 알맞은 수를 써넣으세요.

$$6 + \boxed{} = 10$$

$$\boxed{} + 6 = 10$$

8 두 수를 더해서 10이 되도록 빈칸에 알맞은 수를 써넣으세요.

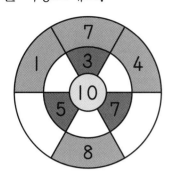

9 계산 결과가 더 작은 것에 ○표 하세요.

$3+1+4$ $5+2+2$

10 덧셈을 해 보세요.

$4+1+2=\boxed{}$

11 뺄셈을 해 보세요.

$8-5-1=\boxed{}$

12 수 카드 두 장을 골라 덧셈식을 완성해 보세요.

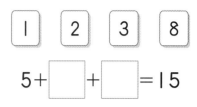

$5+\boxed{}+\boxed{}=15$

13 세 수의 합을 빈칸에 써넣으세요.

7	3	4

14 다음 중 뺄셈을 <u>잘못한</u> 것은 어느 것일까요?··························· (   )

① $10-5=5$ ② $10-4=6$
③ $10-7=3$ ④ $10-2=7$
⑤ $10-1=9$

15 미주는 장미 3송이, 백합 1송이, 목련 5송이를 선물로 받았습니다. 미주가 선물 받은 꽃은 모두 몇 송이일까요?

( )

16 그림을 보고 □ 안에 알맞은 수를 써넣으세요.

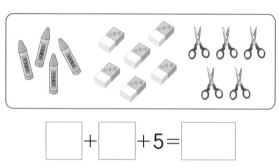

$$\boxed{} + \boxed{} + 5 = \boxed{}$$

17 계산 결과가 작은 것부터 차례대로 기호를 써 보세요.

ㄱ 10−2   ㄴ 10−5
ㄷ 10−4   ㄹ 10−7

( )

18 계산 결과가 같은 것끼리 선으로 이어 보세요.

2+9+1 ·   · 2+4+6

7+3+8 ·   · 8+9+1

19 주어진 피아노 건반 중 검은건반은 모두 몇 개인지 식을 쓰고 답을 구하세요.

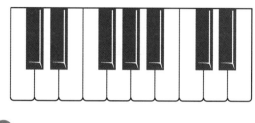

식 _____

답 _____

20 딸기 9개 중에서 희주와 보나가 각각 4개씩 먹었습니다. 두 사람이 먹고 남은 딸기는 몇 개인지 풀이 과정을 쓰고 답을 구하세요.

풀이

답 _____

2 단원

단원평가 5회

덧셈과 뺄셈 (1)

스피드 정답 3~4쪽 | 정답 및 풀이 20쪽

1 덧셈을 해 보세요.

$$9+1=\boxed{}$$

$$1+9=\boxed{}$$

2 뺄셈을 해 보세요.

$$10-2=\boxed{}$$

3 □ 안에 알맞은 수를 써넣으세요.

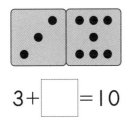

$$3+\boxed{}=10$$

4 10을 만들어 더할 수 있는 식에 ○표 하세요.

$2+4+6$	$2+6+5$
( )	( )

5 점(●)의 수를 모두 더하면 얼마인지 구하세요.

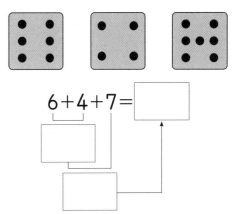

$$6+4+7=\boxed{}$$

6 □ 안에 알맞은 수를 써넣으세요.

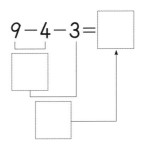

$$9-4-3=\boxed{}$$

7 수빈이는 문제집을 어제 4쪽 풀고 오늘 6쪽 풀었습니다. 수빈이가 어제와 오늘 푼 문제집은 모두 몇 쪽일까요?

( )

8 수 카드 3장이 있습니다. 세 수의 합은 얼마인지 구하세요.

7	8	2

( )

9 □ 안에 알맞은 수를 써넣으세요.

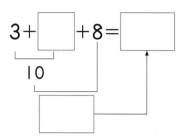

10 더해서 10이 되는 두 수를 선으로 이어 보세요.

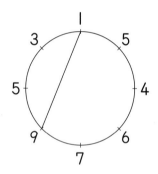

11 민우, 초롱, 세웅이는 가위, 바위, 보를 하였습니다. 세 친구가 펼친 손가락은 모두 몇 개일까요?

민우   초롱   세웅

(   )

12 준희는 10층에서 엘리베이터를 타고 준희의 할머니가 사시는 3층에 내렸습니다. 준희는 몇 층을 내려왔을까요?

(   )

13 계산 결과가 가장 큰 것의 기호를 써 보세요.

| ㉠ 1+4+2 |
| ㉡ 9-1-2 |
| ㉢ 2+2+2 |

(   )

14 계산 결과가 같은 것끼리 선으로 이어 보세요.

9-3-3	·	·	10-8
7-1-2	·	·	10-7
8-5-1	·	·	10-6

15 계산을 잘못한 사람은 누구인지 이름을 써 보세요.

> • 예림: 2+9+1=13
> • 은미: 4+6+7=17

(   )

16 더해서 16이 되는 세 수에 ◯표 하세요.

> 4   2   1   8   6

서술형

17 계산이 잘못된 까닭을 쓰고 바른 답을 구하세요.

$$8-3-1=6$$

까닭

답 _____

18 유진이와 현수가 모은 붙임딱지는 다음 과 같습니다. 월요일부터 수요일까지 붙 임딱지를 더 많이 모은 사람은 누구일까 요?

	월	화	수
유진	3개	7개	4개
현수	6개	9개	1개

(   )

19 주어진 악보를 보고 피아노를 칠 때 건 반을 모두 몇 번 누르는지 식을 쓰고 답 을 구하세요.

우 리 는 착 한   어린이

식 _____

답 _____

서술형

20 보나는 4살이고 창호는 보나보다 5살 더 많습니다. 미라는 창호보다 1살 더 많을 때 미라는 보나보다 몇 살 더 많은 지 풀이 과정을 쓰고 답을 구하세요.

풀이

답 _____

2 단원

1 윤하는 어제 단풍잎 6장을 주웠습니다. 오늘 단풍잎 4장을 더 주웠다면 윤하가 어제와 오늘 주운 단풍잎은 모두 몇 장인지 구하세요.

❶ 6과 4를 더하면 얼마일까요?

(   )

❷ 윤하가 어제와 오늘 주운 단풍잎은 모두 몇 장일까요?

(   )

2 만두 10개를 주영이와 지호가 나누어 먹으려고 합니다. 주영이가 3개를 먹는다면 지호가 먹을 수 있는 만두는 몇 개인지 구하세요.

❶ 10에서 3을 **빼면** 얼마일까요?

(   )

❷ 지호가 먹을 수 있는 만두는 몇 개일까요?

(   )

3 ㉠과 ㉡의 차를 구하세요.

$$㉠+2=10$$
$$2+㉡=10$$

❶ ㉠은 얼마일까요?

(   )

❷ ㉡은 얼마일까요?

(   )

❸ ㉠과 ㉡의 차를 구하세요.

(   )

4 사물함에 동화책 9권, 위인전 1권, 문제집 5권이 들어 있습니다. 사물함에 들어 있는 책은 모두 몇 권인지 구하세요.

❶ 동화책과 위인전은 모두 몇 권일까요?

(   )

❷ ❶의 값에 문제집의 수를 더하면 모두 몇 권일까요?

(   )

❸ 사물함에 들어 있는 책은 모두 몇 권인지 구하세요.

(   )

1 치킨 10조각을 규리와 은빈이가 나누어 먹으려고 합니다. 규리가 5조각을 먹는다면 은빈이가 먹을 수 있는 치킨은 몇 조각인지 풀이 과정을 쓰고 답을 구하세요.

풀이

답 _____

> **어떻게 풀까요?**
> 전체 치킨 조각 수에서 규리가 먹을 치킨 조각 수를 빼는 뺄셈식을 세워 답을 구합니다.

2 3장의 수 카드에 적힌 세 수의 합은 얼마인지 풀이 과정을 쓰고 답을 구하세요.

9 7 3

풀이

답 _____

> **어떻게 풀까요?**
> 세 수 중에서 두 수를 더하여 10을 만들고, 남은 수 하나를 더 더합니다.

3 도서관에 7명의 친구가 있었습니다. 그중 1명은 집에 가고 3명은 학원에 갔다면 도서관에 남아 있는 친구는 몇 명인지 풀이 과정을 쓰고 답을 구하세요.

풀이

답 _____

어떻게 풀까요?

처음 도서관에 있던 친구 수에서 집에 간 친구 수와 학원에 간 친구 수를 빼는 뺄셈식을 세워 답을 구합니다.

4 민아와 지우는 2층에서 엘리베이터를 탔습니다. 지우는 3층 더 올라가서 내렸고, 민아는 지우가 내린 다음 2층 더 올라가서 내렸습니다. 민아는 몇 층에서 내렸는지 풀이 과정을 쓰고 답을 구하세요.

풀이

답 _____

어떻게 풀까요?

먼저 지우가 내린 층을 구합니다.

1 그림을 보고 □ 안에 알맞은 수를 써넣으세요.

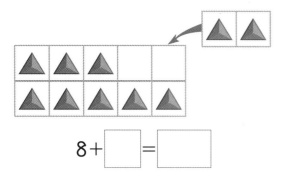

$$8+\boxed{}=\boxed{}$$

2 □ 안에 알맞은 수를 써넣으세요.

(1) $7+\boxed{}=10$

(2) $\boxed{}+2=10$

3 □ 안에 알맞은 수를 써넣으세요.

$$9+2+8=\boxed{}$$

4 바르게 계산한 식을 찾아 ○표 하세요.

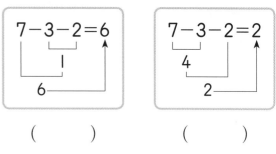

(   )   (   )

5 크기를 비교하여 ○ 안에 >, =, <를 알맞게 써넣으세요.

$$2+1+5 \enspace \bigcirc \enspace 10$$

3 단원

모양과 시각

개념정리 모양과 시각

개념 1 여러 가지 모양 찾아보기

(1) ■ 모양 찾아보기

예

(2) ▲ 모양 찾아보기

예

(3) ● 모양 찾아보기

예

(4) ■, ▲, ● 모양 찾아보기

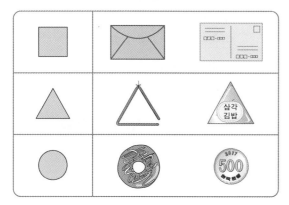

개념 2 여러 가지 모양 알아보기

(1) ■ 모양 알아보기

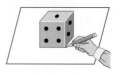

■ 모양은 뾰족한 부분이 **4**군데입니다.

(2) ▲ 모양 알아보기

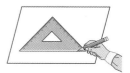

▲ 모양은 뾰족한 부분이 ❶☐군데입니다.

(3) ● 모양 알아보기

❷☐ 모양은 뾰족한 부분이 없고 둥근 부분이 있습니다.

| 정답 | ❶ 3 ❷ ●

개념③ **여러 가지 모양 만들기**

(1)

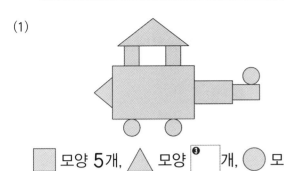

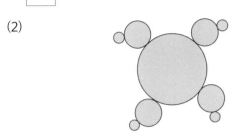
☐ 모양 **5**개, △ 모양 **❸**☐개, ○ 모양

❹☐개를 사용하여 만든 모양입니다.

(2)

○ 모양 **9**개를 사용하여 만든 모양입니다.

개념④ **몇 시 알아보기**

긴바늘이 **12**를 가리킬 때
'몇 시'를 나타내요.

· 짧은바늘이 **4**, 긴바늘이 **12**를 가리킬 때 시계는 **4**시를 나타내고 네 시라고 읽습니다.
· **4**시, **8**시 등을 시각이라고 합니다.

개념⑤ **몇 시 30분 알아보기**

긴바늘이 **6**을 가리킬 때
'몇 시 **30**분'을 나타내요.

· 짧은바늘이 **3**과 **4**의 가운데, 긴바늘이 **6**을 가리킬 때 시계는 **3**시 **30**분을 나타내고 세 시 삼십 분이라고 읽습니다.
· **3**시 **30**분, **5**시 **30**분 등을 시각이라고 합니다.
· '몇 시 **30**분'은 모두 긴바늘이 **6**을 가리킵니다.

2시 30분, 3시 30분 모두
긴바늘이 **❺**☐을 가리켜요.

· **1**시 **30**분은 짧은바늘이 **1**과 **2**의 가운데를 가리키고 **2**시 **30**분은 짧은바늘이 **2**와 **3**의 가운데를 가리킵니다.

|정답| ❸ 2 ❹ 3 ❺ 6

쪽지시험 1회 모양과 시각

3 단원

〔1~5〕 왼쪽과 같은 모양의 물건에 ◯표 하세요.

1
( ) ( ) ( )

2
( ) ( ) ( )

3
( ) ( ) ( )

4
( ) ( ) ( )

5
( ) ( ) ( )

〔6~8〕 그림을 보고 물음에 답하세요.

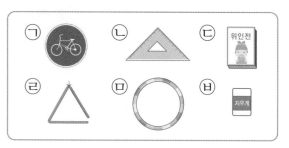

6 ▢ 모양의 물건을 모두 찾아 기호를 써 보세요.

( )

7 △ 모양의 물건을 모두 찾아 기호를 써 보세요.

( )

8 ◯ 모양의 물건을 모두 찾아 기호를 써 보세요.

( )

9 △ 모양이 <u>아닌</u> 것에 ✕표 하세요.

( ) ( ) ( )

10 ◯ 모양이 <u>아닌</u> 것에 ✕표 하세요.

( ) ( ) ( )

쪽지시험 2회 모양과 시각

[1~3] 물감을 묻혀 찍기를 할 때 나올 수 있는 모양을 찾아 ◯표 하세요.

1

( ) ( ) ( )

2

( ) ( ) ( )

3

( ) ( ) ( )

[4~5] 그림을 보고 설명에 알맞은 모양의 기호를 써 보세요.

4 뾰족한 부분이 모두 3군데입니다.

( )

5 뾰족한 부분이 없습니다.

( )

[6~8] ▢, △, ◯ 모양으로 만든 모양입니다. 물음에 답하세요.

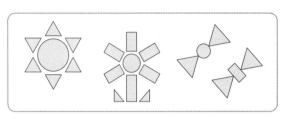

6 ▢ 모양은 모두 몇 개일까요?

( )

7 △ 모양은 모두 몇 개일까요?

( )

8 ◯ 모양은 모두 몇 개일까요?

( )

[9~10] ▢, △, ◯ 모양으로 만든 모양입니다. 물음에 답하세요.

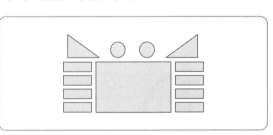

9 ▢, △, ◯ 모양을 몇 개씩 사용했을까요?

▢ 모양	△ 모양	◯ 모양

10 가장 많이 사용한 모양에 ◯표 하세요.

(▢ , △ , ◯)

쪽지시험 3회 모양과 시각

스피드 정답 4쪽 | 정답 및 풀이 22쪽

[1~4] 시계를 보고 시각을 써 보세요.

1

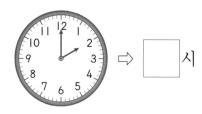

⇨ ☐ 시

2

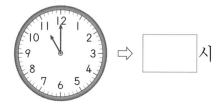

⇨ ☐ 시

3

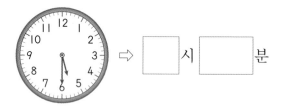

⇨ ☐ 시 ☐ 분

4

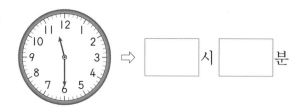

⇨ ☐ 시 ☐ 분

5 ☐ 안에 알맞은 수를 써넣으세요.

'몇 시'는 시계의 긴바늘이 ☐
를 가리킵니다.

[6~7] 시계를 보고 ☐ 안에 알맞은 수를 써 넣으세요.

6

짧은바늘: ☐

긴바늘: 12

⇨ ☐ 시

7

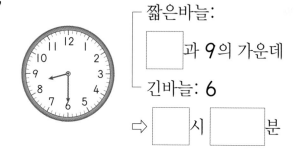

짧은바늘: ☐ 과 9의 가운데

긴바늘: 6

⇨ ☐ 시 ☐ 분

8 ☐ 안에 알맞은 수를 써넣으세요.

'몇 시 30분'은 시계의 긴바늘이
☐ 을 가리킵니다.

[9~10] 시각에 맞게 짧은바늘을 그려 넣으세요.

9

4시

10

9시 30분

3 단원

단원평가 1회   모양과 시각

난이도 Ⓐ Ⓑ Ⓒ

점수

스피드 정답 4~5쪽 | 정답 및 풀이 22쪽

[1~3] 왼쪽과 같은 모양의 물건에 ◯표 하세요.

1

(   ) (   ) (   )

2

(   ) (   ) (   )

3

(   ) (   ) (   )

4 시계를 보고 시각을 써 보세요.

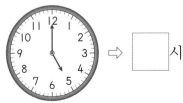 ⇨ ☐ 시

5 모양이 같은 것끼리 선으로 이어 보세요.

 ·   ·

 ·   ·

 ·   ·

[6~8] 그림을 보고 물음에 답하세요.

6 ☐ 모양의 물건을 모두 찾아 기호를 써 보세요.

(   )

7 △ 모양의 물건을 모두 찾아 기호를 써 보세요.

(   )

8 ◯ 모양의 물건은 모두 몇 개일까요?

(   )

9 다음과 같은 물건을 본뜨면 어떤 모양이 되는지 선으로 이어 보세요.

•

〔10~11〕 시계를 보고 □ 안에 알맞은 수를 써넣으세요.

10

짧은바늘이 **8**, 긴바늘이 □ 를

가리키므로 □ 시입니다.

11

짧은바늘이 **4**와 **5**의 가운데,

긴바늘이 □ 을 가리키므로

□ 시 □ 분입니다.

12 점토에 찍었을 때 ⬭ 모양이 나오는 물건에 ○표 하세요.

(   )   (   )

13 설명에 알맞은 모양에 ○표 하세요.

> 뾰족한 부분이 **4**군데입니다.

(■ , ▲ , ⬤)

14 5시 30분을 바르게 나타낸 것을 찾아 ○표 하세요.

(   )   (   )

15 여러 가지 모양을 사용하여 집을 꾸몄습니다. 집을 꾸미는 데 사용한 모양에 모두 ○표 하세요.

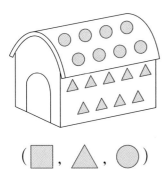

(■ , ▲ , ●)

16 ● 모양은 모두 몇 개 있을까요?

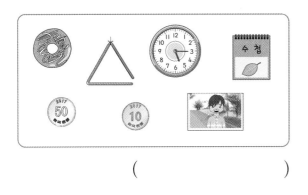

( )

17 ■, ▲, ● 모양 중 두 물건에서 모두 찾을 수 있는 모양은 무엇일까요?

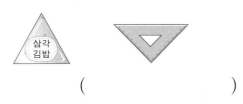

( )

18 다음을 보고 ■, ▲, ● 모양 중 가장 많은 모양은 몇 개일까요?

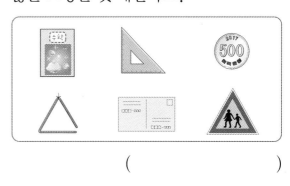

( )

[19~20] ■, ▲, ● 모양으로 만든 모양입니다. 물음에 답하세요.

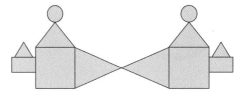

19 ■, ▲, ● 모양을 각각 몇 개 사용했을까요?

■ 모양 ( )

▲ 모양 ( )

● 모양 ( )

20 ■, ▲, ● 모양 중에서 가장 많이 사용한 모양은 어떤 모양일까요?

( )

[1~2] 시계를 보고 시각을 써 보세요.

1

 시

2

 시 ☐ 분

3 오른쪽과 같은 모양의 물건에 ○표 하세요.

(   ) (   ) (   ) (   )

4 ⬤ 모양이 <u>아닌</u> 물건에 ×표 하세요.

(   ) (   ) (   ) (   )

[5~7] 그림을 보고 물음에 답하세요.

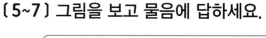
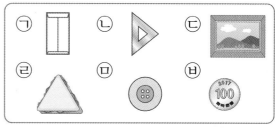

5 ⬤ 모양의 물건을 모두 찾아 기호를 써 보세요.

(   )

6 ▲ 모양의 물건을 모두 찾아 기호를 써 보세요.

(   )

7 ⬛ 모양의 물건은 모두 몇 개일까요?

(   )

〔8~9〕 시계를 보고 시각이 바르면 ○표, 틀리면 ×표 하세요.

8

12시 30분

( )

9

10시 30분

( )

10 ◻ 모양에 ◻표, △ 모양에 △표, ○ 모양에 ○표 하세요.

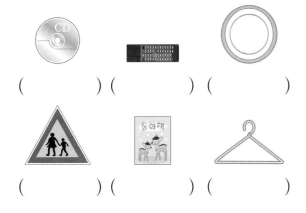

( ) ( ) ( )

( ) ( ) ( )

11 보경이가 설명하는 모양을 찾아 ○표 하세요.

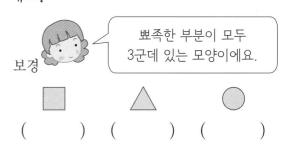

보경 뽀족한 부분이 모두 3군데 있는 모양이에요.

◻ △ ○

( ) ( ) ( )

〔12~14〕 그림을 보고 물음에 답하세요.

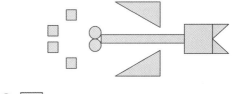

12 ◻ 모양은 모두 몇 개일까요?

( )

13 △ 모양은 모두 몇 개일까요?

( )

14 오른쪽과 같은 모양은 모두 몇 개일까요?

( )

15 제나가 학교에 도착한 시각을 써 보세요.

(   )

16 여러 가지 모양을 사용하여 다음과 같은 모양을 만들었습니다. △ 모양을 모두 찾아 색칠해 보세요.

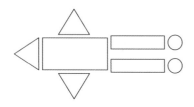

17 여러 가지 모양 만들기 놀이를 하고 있습니다. ▢ 모양을 만든 친구의 이름을 써 보세요.

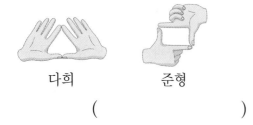

다희   준형

(   )

18 다음 모양을 만드는 데 사용하지 <u>않은</u> 모양에 ✕표 하세요.

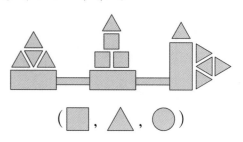

(▢ , △ , ◯)

[19~20] ▢ , △ , ◯ 모양으로 기차 모양을 만들었습니다. 물음에 답하세요.

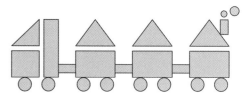

19 뾰족한 부분이 없는 모양은 모두 몇 개일까요?

(   )

20 가장 적게 사용한 모양은 어떤 모양일까요?

(   )

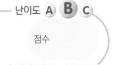
단원평가 3회　모양과 시각

1 다음과 같은 물건을 본뜨면 어떤 모양이 되는지 알맞은 모양에 ○표 하세요.

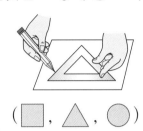

(▢ , △ , ○)

2 ▢ 모양을 찾아 ○표 하세요.

(　　) (　　) (　　)

3 관계있는 것끼리 선으로 이어 보세요.

 ・

 ・

 ・

・△ 모양

・○ 모양

・▢ 모양

4 □ 안에 알맞은 수를 써넣으세요.

7시일 때 짧은바늘은 [ ], 긴바늘은 [ ]를 가리킵니다.

〔5~6〕 그림을 보고 물음에 답하세요.

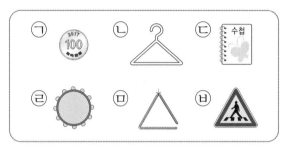

5 △ 모양의 물건을 모두 찾아 기호를 써 보세요.

(　　)

6 ○ 모양의 물건은 모두 몇 개일까요?

(　　)

7 다음 중 모양이 <u>다른</u> 하나는 어느 것일까요? ‥‥‥‥‥‥‥‥‥‥‥(　　)

① 　② 　③

④ 　⑤

[8~9] 시각에 맞게 **짧은바늘**을 그려 넣으세요.

8
 4시

9
 1시 30분

10 다음 모양을 만드는 데 사용한 모양을 모두 찾아 ◯표 하세요.

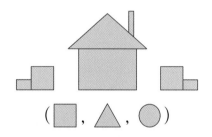

(▢ , △ , ◯)

11 ▢ 모양은 모두 몇 개일까요?

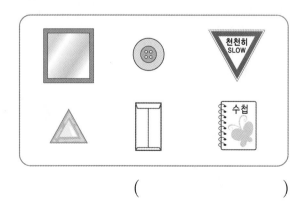

( )

12 성우와 유현이 중 여러 가지 모양에 대해 잘못 설명한 사람은 누구일까요?

성우: ▢ 모양은 뾰족한 부분이 없어.

유현: △ 모양은 뾰족한 부분이 3군데 있어.

( )

13 오른쪽과 같은 모양의 물건은 모두 몇 개일까요?

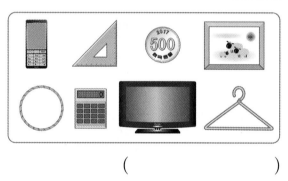

( )

14 시각을 시계에 나타낼 때 짧은바늘이 8을 가리키는 시각에 ◯표 하세요.

7:30	8:00	8:30
( )	( )	( )

15 시계의 긴바늘이 6을 가리키는 시각을 모두 찾아 기호를 써 보세요.

> ㉠ 6시 30분
> ㉡ 9시
> ㉢ 11시 30분

( )

[16~17] ▢, △, ◯ 모양으로 만든 모양입니다. 물음에 답하세요.

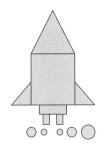

16 ▢, △, ◯ 모양은 각각 몇 개일까요?

▢ 모양 ( )

△ 모양 ( )

◯ 모양 ( )

17 ▢, △, ◯ 모양 중에서 가장 많이 사용한 모양은 어떤 모양일까요?

( )

18 ▢ 모양 4개, ◯ 모양 2개로 만든 모양을 찾아 ◯표 하세요.

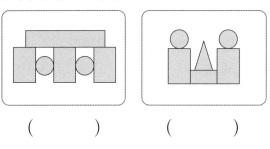

( ) ( )

19 성냥개비로 그림과 같은 모양을 만들었습니다. △ 모양은 ▢ 모양보다 몇 개 더 많을까요?

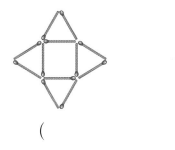

( )

서술형

20 ▢, △, ◯ 모양으로 다음과 같은 모양을 만들었습니다. 가장 많이 사용된 모양은 가장 적게 사용된 모양보다 몇 개 더 많은지 풀이 과정을 쓰고 답을 구하세요.

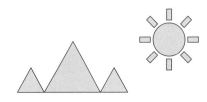

풀이

답 _____

3 단원

단원평가 4회

모양과 시각

난이도 A **B** C

점수

스피드 정답 5쪽 | 정답 및 풀이 24쪽

1 오른쪽 시계를 보고 □ 안에 알맞은 수를 써넣으세요.

짧은바늘이 ⬜, 긴바늘이 ⬜ 를 가리키므로 ⬜ 시입니다.

2 모양이 같은 것끼리 선으로 이어 보세요.

   ·   ·

   ·   · (피자)

   ·   · (공책)

3 🟦 모양에는 □표, 🔺 모양에는 △표, ⚫ 모양에는 ○표 하세요.

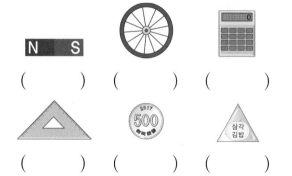

(　　)　(　　)　(　　)

(　　)　(　　)　(　　)

4 □ 안에 알맞은 수를 써넣으세요.

3시 30분일 때 짧은바늘은

3과 ⬜ 의 가운데, 긴바늘은

⬜ 을 가리킵니다.

〔5~6〕 그림을 보고 물음에 답하세요.

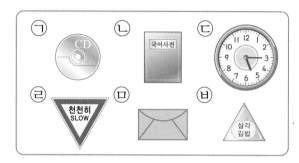

5 ⚫ 모양의 물건을 모두 찾아 기호를 써 보세요.

(　　　　　　)

6 🔺 와 같은 모양의 물건을 모두 찾아 기호를 써 보세요.

(　　　　　　)

7 왼쪽 기둥에 물감을 묻혀 찍을 때 나올 수 있는 모양을 오른쪽에서 찾아 선으로 이어 보세요.

8 여러 가지 모양을 사용하여 모자를 꾸몄습니다. 모양을 꾸미는 데 사용하지 <u>않은</u> 모양에 ×표 하세요.

(☐ , △ , ○)

9 시계의 긴바늘과 짧은바늘이 모두 12를 가리키는 시각은 어느 것일까요?
······················(   )

① 9시   ② 11시   ③ 12시
④ 3시   ⑤ 6시

10 나타내는 시각이 <u>다른</u> 것을 찾아 기호를 써 보세요.

(   )

11 설명에 알맞은 모양의 물건을 모두 찾아 ○표 하세요.

> 뾰족한 부분이 모두 3군데입니다.

(   ) (   ) (   ) (   )

12 ☐, △, ○ 모양을 사용하여 만든 모양입니다. ☐ 모양은 모두 몇 개일까요?

(   )

13 다음 모양을 만드는 데 사용한 ☐, △, ○ 모양은 각각 몇 개일까요?

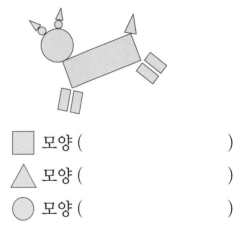

☐ 모양 (   )

△ 모양 (   )

○ 모양 (   )

14 시계의 긴바늘이 12를 가리키는 시각을 모두 찾아 기호를 써 보세요.

> ㉠ 2시 30분   ㉡ 4시
> ㉢ 6시   ㉣ 12시 30분

(   )

15 물감을 묻혀 찍기를 할 때 나올 수 있는 모양을 모두 찾아 ○표 하세요.

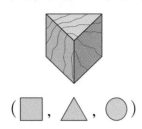

(☐ , △ , ○)

16 ☐ 모양, ○ 모양을 사용하여 옷을 꾸몄습니다. ☐ 모양은 ○ 모양보다 몇 개 더 많이 사용했을까요?

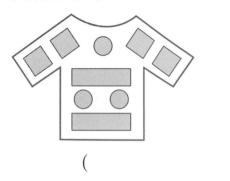

(   )

17 윤희는 ☐ 모양 1개, △ 모양 6개, ○ 모양 1개를 사용하여 모양을 만들었습니다. ㉠과 ㉡ 중 윤희가 만든 모양은 어느 것일까요?

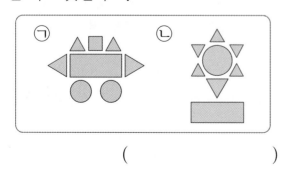

(   )

18 주어진 모양으로 만들 수 있는 것을 찾아 ○표 하세요.

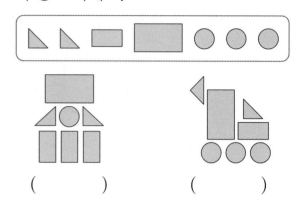

(   )   (   )

〔19~20〕 다음과 같은 모양을 만들었습니다. 물음에 답하세요.

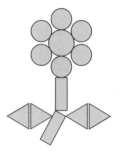

19 어떤 모양을 만든 것일까요?

(   )

서술형

20 ☐, △, ○ 모양 중에서 가장 많이 사용한 모양은 어느 것이고, 몇 개인지 풀이 과정을 쓰고 답을 구하세요.

풀이

답 _____ , _____

난이도 A B **C**

점수

스피드 정답 5~6쪽 | 정답 및 풀이 25쪽

3 단원

1 같은 모양끼리 선으로 이어 보세요.

 ·　　　　·

 ·　　　　·

 ·　　　　·

2 다음과 같은 물건을 본뜨면 어떤 모양이 되는지 알맞은 모양에 ○표 하세요.

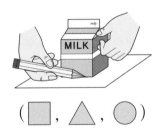

(▢ , △ , ◯)

3 시각에 맞게 짧은바늘을 그려 넣으세요.

4 ▢ 모양이 아닌 물건을 찾아 기호를 써 보세요.

 　ㄴ 　ㄷ

(　　　　　　　)

5 물건을 본떴을 때 나오는 모양이 <u>다른</u> 하나에 ×표 하세요.

(　　　) (　　　) (　　　)

〔6~8〕 그림을 보고 물음에 답하세요.

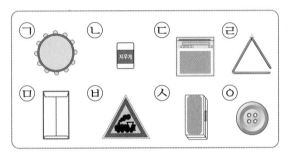

6 ▢ 모양의 물건은 모두 몇 개일까요?

(　　　　　　　)

7 삼각자를 본뜬 모양과 같은 모양인 것을 모두 찾아 기호를 써 보세요.

(　　　　　　　)

8 ▢ 모양의 물건은 ◯ 모양의 물건보다 몇 개 더 많을까요?

(　　　　　　　)

9 같은 시각끼리 선으로 이어 보세요.

10 설명에 알맞은 모양을 찾아 선으로 이어 보세요.

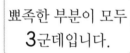

11 지민이와 민재는 가방을 꾸몄습니다. ▢ 모양과 ◯ 모양을 사용하여 가방을 꾸민 사람은 누구일까요?

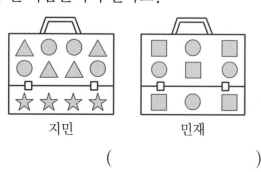

(   )

12 다음 시계가 나타내는 시각을 모형 시계에 나타낼 때 긴바늘이 가리키는 숫자를 써 보세요.

(   )

13 시곗바늘이 잘못 그려진 시계를 찾아 ◯표 하세요.

(   ) (   ) (   )

14 ▢, △, ◯ 모양의 과자는 각각 몇 개인지 빈칸에 써넣으세요.

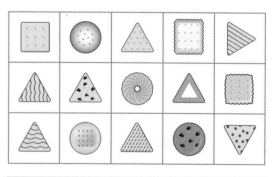

▢ 모양	△ 모양	◯ 모양

15 ☐, △, ◯ 모양 중 가장 많이 사용된 모양은 어떤 모양일까요?

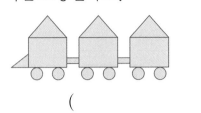

(   )

16 ☐ 모양 4개, △ 모양 2개, ◯ 모양 5개로 만든 모양을 찾아 ◯표 하세요.

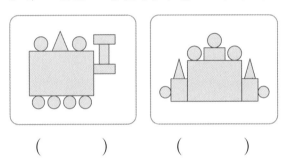

(   )   (   )

서술형
17 대화를 읽고 승윤이의 질문에 알맞은 답을 써 보세요.

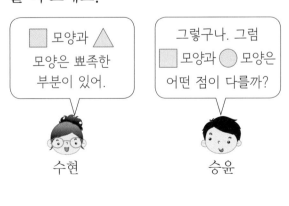

수현   승윤

_____

_____

[**18~19**] 다음은 지수네 가족이 저녁에 집에 들어온 시각입니다. 물음에 답하세요.

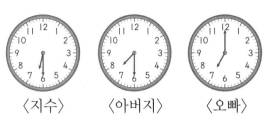

〈지수〉   〈아버지〉   〈오빠〉

18 지수가 집에 들어온 시각을 써 보세요.

(   )

19 가장 늦게 집에 들어온 사람은 누구일까요?

(   )

서술형
20 ☐, △, ◯ 모양 중에서 가장 많이 사용한 모양은 가장 적게 사용한 모양보다 몇 개 더 많은지 풀이 과정을 쓰고 답을 구하세요.

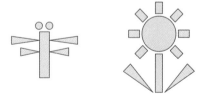

풀이

답 _____

단계별로 연습하는

서술형 평가 ❶   모양과 시각

1 시계와 같은 모양의 물건은 무엇인지 알아보세요.

| 시계 | 삼각자 | 거울 | 액자 |

❶ 시계는 ■, ▲, ● 모양 중 어떤 모양일까요?

(   )

❷ 시계와 같은 모양의 물건은 무엇일까요?

(   )

2 민수는 친구들과 3시에 만나기로 했습니다. 민수가 친구들을 만나기로 한 시각을 시계에 나타내 보세요.

❶ 3시에 짧은바늘은 어떤 숫자를 가리킬까요?

(   )

❷ 3시에 긴바늘은 어떤 숫자를 가리킬까요?

(   )

❸ 민수가 친구들을 만나기로 한 시각을 위 시계에 나타내 보세요.

3 승윤이와 수현이가 ▢, △, ◯ 모양으로 만든 모양입니다. ▢ 모양을 더 많이 사용한 사람은 누구인지 알아보세요.

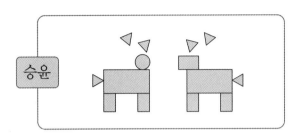 승윤

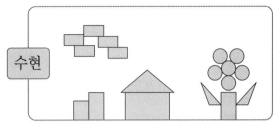 수현

❶ 승윤이가 사용한 ▢ 모양은 모두 몇 개일까요?

(   )

❷ 수현이가 사용한 ▢ 모양은 모두 몇 개일까요?

(   )

❸ ▢ 모양을 더 많이 사용한 사람은 누구일까요?

(   )

3 단원

4 윤주와 정인이가 도서관에 도착한 시각은 다음과 같습니다. 도서관에 먼저 도착한 사람은 누구인지 알아보세요.

 〈윤주〉

 〈정인〉

❶ 윤주가 도서관에 도착한 시각을 구하세요.

(   )

❷ 정인이가 도서관에 도착한 시각을 구하세요.

(   )

❸ 도서관에 먼저 도착한 사람은 누구일까요?

(   )

1 태희는 친구들과 8시 30분에 만나기로
했습니다. 태희가 친구들을 만나기로 한
시각을 어떻게 나타낼지 풀이 과정을 쓰
고 오른쪽 시계에 나타내 보세요.

풀이

📝 어떻게 풀까요?

●시 30분일 때 긴바늘이 가
리키는 숫자가 무엇인지 먼저
생각해 봅니다.

2 민기와 소정이가 ■, ▲, ● 모양으로 만든 모양입니
다. ● 모양을 더 많이 사용한 사람은 누구인지 풀이 과
정을 쓰고 답을 구하세요.

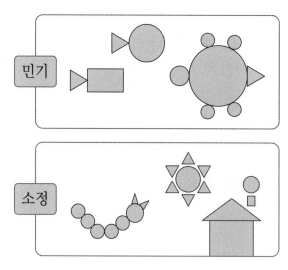

풀이

📝 어떻게 풀까요?

민기와 소정이가 각각 사용한
● 모양의 개수를 먼저 구합
니다.

답 _____

3 현아와 지우가 놀이터에 도착한 시각은 다음과 같습니다. 놀이터에 먼저 도착한 사람은 누구인지 풀이 과정을 쓰고 답을 구하세요.

〈현아〉　　　　　〈지우〉

풀이

답 _____

어떻게 풀까요?

현아와 지우가 각각 도착한 시각을 먼저 알아봅니다.

4 ■, ▲, ● 모양을 사용하여 만든 모양입니다. 사용한 모양의 수가 가장 많은 것과 가장 적은 것의 개수의 차는 몇 개인지 풀이 과정을 쓰고 답을 구하세요.

풀이

답 _____

어떻게 풀까요?

먼저 모양을 만들 때 가장 많이 사용한 것과 가장 적게 사용한 것의 개수를 각각 알아봅니다.

1 물감 묻혀 찍기 놀이를 하려고 합니다. ■, ▲, ● 모양 중 나올 수 <u>없는</u> 모양은 무엇일까요?

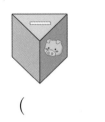

(   )

2 9시 30분을 나타내는 시계에 ○표 하세요.

(   ) (   ) (   )

3 그림을 보고 □ 안에 알맞은 수를 써넣으세요.

□시 □분에는 태권도를 하고

□시에는 책을 읽었습니다.

4 여러 가지 모양으로 풍차를 만들었습니다. 각각 몇 개를 사용했는지 세어 보세요.

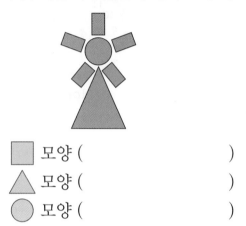

■ 모양 (   )
▲ 모양 (   )
● 모양 (   )

5 다음 모양을 만드는 데 ■, ▲, ● 모양 중 가장 많이 사용한 모양은 가장 적게 사용한 모양보다 몇 개 더 많을까요?

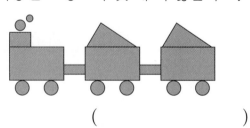

(   )

4 단원

덧셈과 뺄셈 (2)

개념 **1** **덧셈 알아보기**

• 이어 세기로 구하기

$$7+6=13$$

개념 **2** **덧셈하기**

• 10을 만들어 덧셈하기

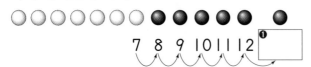

$$7+6=13$$
$$\quad\quad\; / \;\backslash$$
$$\quad\quad 3 \quad 3$$

$$7+6=\boxed{❶}$$
$$\quad\quad\; / \;\backslash$$
$$\quad\quad 3 \quad 4$$

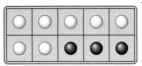

$$7 \;+\; 6=13$$
$$/\backslash \quad /\backslash$$
$$5 \; 2 \; 5 \; 1$$

개념 **3** **여러 가지 덧셈**

$$6+6=12 \qquad 6+8=14$$
$$6+7=13 \qquad 8+6=14$$
$$6+8=\boxed{❸}$$

1씩 큰 수를 더하면
합도 1씩 커져요.

두 수를 서로 바꾸어
더해도 합이 같아요.

개념 **4** **뺄셈 알아보기**

• 거꾸로 세어 구하기

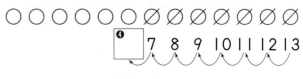

$$13-7=6$$

개념 **5** **뺄셈하기**

• 낱개 3개를 먼저 빼기

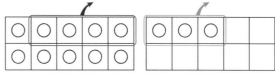

$$13-7=6 \rightarrow$$ 13에서 3을 빼고
4를 더 뺀다.
$$\quad\; / \;\backslash$$
$$\quad 3 \quad 4$$

• 10개씩 묶음에서 한 번에 빼기

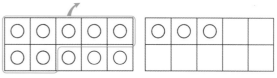

$$13-7=\boxed{❺} \rightarrow$$ 10에서 7을 한 번
에 빼고 남은 3에
3을 더한다.
$$/\quad\backslash$$
$$10 \quad 3$$

개념 **6** **여러 가지 뺄셈**

$$15-6=9 \qquad 11-5=6$$
$$15-7=8 \qquad 12-5=7$$
$$15-8=7 \qquad 13-5=\boxed{❻}$$

1씩 큰 수를 빼면
차는 1씩 작아져요.

1씩 커지는 수에서
똑같은 수를 빼면
차도 1씩 커져요.

| 정답 | ❶ 13 ❷ 13 ❸ 14 ❹ 6 ❺ 6 ❻ 8

쪽지시험 1회 덧셈과 뺄셈 (2)

점수

스피드 정답 6쪽 | 정답 및 풀이 26쪽

1 그림을 보고 □ 안에 알맞은 수를 써넣으세요.

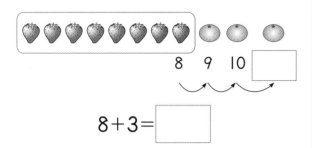

8   9   10   □

$8+3=$ □

2 상자에 든 귤과 사과는 모두 몇 개일까요?

귤과 사과는 모두 □ 개입니다.

[3~5] |0을 만들어 덧셈을 해 보세요.

3 $8+6=$ □

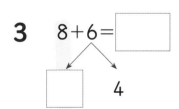

4

4 $6+6=$ □

2   4

5   8   +   9 = □

5   □   5   □

[6~7] 7+9를 여러 가지 방법으로 계산해 보세요.

6 $7+9=$ □

□ |

7 $7+9=$ □

3   □

[8~10] 덧셈을 해 보세요.

8 $5+7=|2$

$5+8=$ □

$5+9=$ □

9 $6+7=|3$

$5+7=$ □

$4+7=$ □

10 $4+8=$ □

$8+4=$ □

쪽지시험 2회 　덧셈과 뺄셈 (2)

점수

스피드 정답 6쪽 | 정답 및 풀이 26쪽

1 그림을 보고 □ 안에 알맞은 수를 써넣으세요.

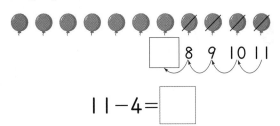

$$11-4=\boxed{}$$

2 어느 것이 몇 개 더 많은지 구하세요.

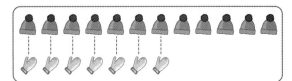

(모자, 장갑)이/가 □ 개 더 많습니다.

3 □ 안에 알맞은 수를 써넣으세요.

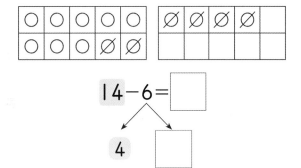

$$14-6=\boxed{}$$

[4~5] 뺄셈을 해 보세요.

4 $15-7=\boxed{}$

5 $16-8=\boxed{}$

[6~7] □ 안에 알맞은 수를 써넣으세요.

6 $17-8=\boxed{}$

7 $12-7=\boxed{}$

[8~9] 뺄셈을 해 보세요.

8 $12-5=7$
$12-6=6$
$12-7=\boxed{}$
$12-8=\boxed{}$

9 $13-8=5$
$13-7=6$
$13-6=\boxed{}$
$13-5=\boxed{}$

10 차가 5인 식을 찾아 ○표 하세요.

| $12-5$ | $14-9$ |

단원평가 1회 　덧셈과 뺄셈(2)

스피드 정답 6쪽 | 정답 및 풀이 27쪽

1 그림을 보고 두 수를 더해 보세요.

$7+5=\boxed{}$

2 그림을 보고 □ 안에 알맞은 수를 써넣으세요.

$8+3=\boxed{}$

2　1

3 그림을 보고 뺄셈을 해 보세요.

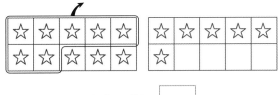

$16-7=\boxed{}$

[4~5] 그림을 보고 □ 안에 알맞은 수를 써넣으세요.

4

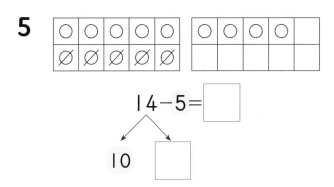

$16-8=\boxed{}$

6

5

$14-5=\boxed{}$

10

6 □ 안에 알맞은 수를 써넣으세요.

$11-6=\boxed{}$

1

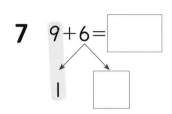

[7~8] 9+6을 여러 가지 방법으로 계산해
보세요.

7 9+6= ☐

|

☐

8 9+6= ☐

5

☐

9 그림을 보고 덧셈을 해 보세요.

8+7= ☐

10 덧셈을 해 보세요.

4+8= ☐

11 뺄셈을 해 보세요.

15-7= ☐

12 관계있는 것끼리 선으로 이어 보세요.

16-8   11-4

7   8   9

13 ☐ 안에 알맞은 수를 써넣으세요.

5와 6의 합은 ☐ 입니다.

14 뺄셈을 해 보세요.

14-9=5

14-8= ☐

14-7= ☐

14-6= ☐

15 빈칸에 알맞은 수를 써넣으세요.

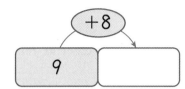

16 7+7과 합이 같은 식을 찾아 ○표 하세요.

9+4	8+6
( )	( )

17 빈칸에 알맞은 수를 써넣으세요.

−	9	8	7	6
11	2			

11−9=2 11−8

18 계산 결과가 같은 것끼리 선으로 이어 보세요.

19 주사위 2개의 눈의 수를 합하면 얼마인지 덧셈식으로 나타내 보세요.

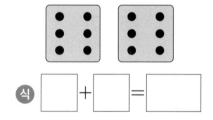

식 ☐ + ☐ = ☐

20 은지는 사탕 16개가 있었는데 지호에게 사탕 7개를 주었습니다. 은지에게 남은 사탕은 몇 개일까요?

(   )

4 단원

난이도 **A** B C

점수

덧셈과 뺄셈 (2)

스피드 정답 6쪽 | 정답 및 풀이 27쪽

[1~2] 그림을 보고 덧셈을 해 보세요.

1

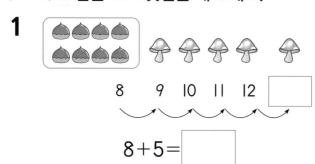

8 9 10 11 12 ☐

$8+5=$ ☐

2

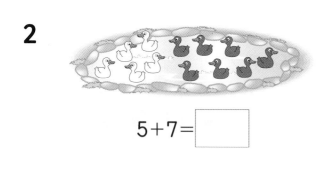

$5+7=$ ☐

3 그림을 보고 ☐ 안에 알맞은 수를 써넣으세요.

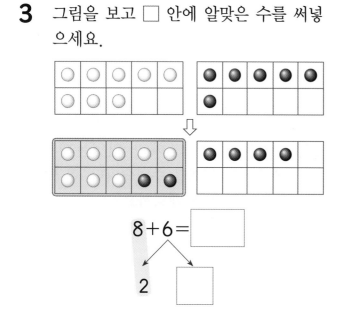

$8+6=$ ☐

2

[4~6] ☐ 안에 알맞은 수를 써넣으세요.

4

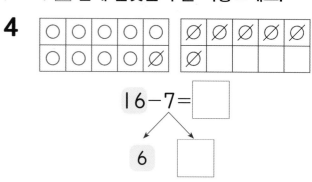

$16-7=$ ☐

6

5

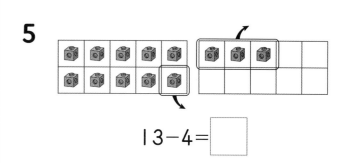

$13-4=$ ☐

6

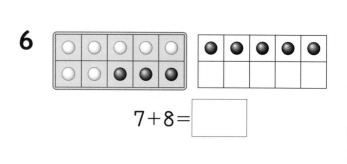

$7+8=$ ☐

[7~8] 10을 만들어 덧셈을 해 보세요.

7 4+8= ☐

2 ☐

8 7 + 9 = ☐

5 ☐ 5 ☐

9 ☐ 안에 알맞은 수를 써넣으세요.

12-9= ☐

2 ☐

10 덧셈을 해 보세요.

9+2= ☐

11 뺄셈을 해 보세요.

14-6= ☐

12 ☐ 안에 알맞은 수를 써넣으세요.

5+6= ☐

6+5= ☐

13 차가 6인 식을 찾아 ○표 하세요.

| 15-7 | | 13-7 |

14 빈칸에 알맞은 수를 써넣으세요.

─		
13	9	
12	8	

15 덧셈을 해 보세요.

$$7+4=11$$

$$7+5=\boxed{}$$

$$7+6=\boxed{}$$

$$7+7=\boxed{}$$

16 합이 더 큰 식을 찾아 ○표 하세요.

9+2	6+8
( )	( )

17 빈칸에 알맞은 수를 써넣으세요.

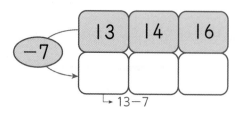

18 관계있는 것끼리 선으로 이어 보세요.

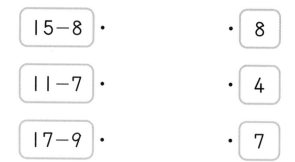

15−8 ·   · 8

11−7 ·   · 4

17−9 ·   · 7

19 버스에 9명이 타고 있었는데 이번 정류장에서 6명이 더 탔습니다. 버스에 타고 있는 사람은 모두 몇 명일까요?

(   )

20 비둘기 14마리가 전깃줄에 앉아 있었는데 9마리가 날아갔습니다. 전깃줄에 남은 비둘기는 몇 마리인지 구하세요.

식 $\boxed{}-\boxed{}=\boxed{}$

답 _____

단원평가 3회 덧셈과 뺄셈 (2)

[1~2] 그림을 보고 □ 안에 알맞은 수를 써 넣으세요.

1

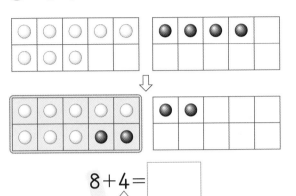

$8+4=\boxed{}$

2 2

2

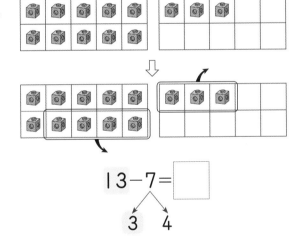

$13-7=\boxed{}$

3 4

3 그림을 보고 계산해 보세요.

$9+3=\boxed{}$

[4~5] 10을 만들어 덧셈을 해 보세요.

4 $6+6=\boxed{}$

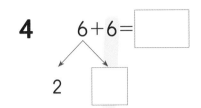

2 $\boxed{}$

5 $9+5=\boxed{}$

$\boxed{}$ 4

6 ○를 빼는 수만큼 /으로 지우고 뺄셈을 해 보세요.

$14-8=\boxed{}$

7 덧셈을 해 보세요.

$8+8=\boxed{}$

8 뺄셈을 해 보세요.

$$14-5=\boxed{}$$

9 다음 그림에 알맞은 덧셈식은 어느 것일
까요? ····················· (   )

① 4+9=13   ② 8+2=10
③ 9+2=11   ④ 6+6=12
⑤ 5+7=12

10 ☐ 안에 알맞은 수를 써넣으세요.

$$7+5=12$$

$$7+6=\boxed{}$$

$$7+7=\boxed{}$$

⇨ 1씩 큰 수를 더하면 합도 $\boxed{}$ 씩

커집니다.

11 점의 수의 합은 얼마일까요?

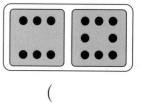

(   )

12 빈칸에 알맞은 수를 써넣으세요.

⊖	13	17
	8	9

13 더해서 13이 되는 두 수를 선으로 이어
보세요.

5	4	6
·	·	·
·	·	·
9	7	8

14 계산 결과가 <u>다른</u> 하나에 △표 하세요.

12−4	13−7	11−3
( )	( )	( )

15 다음 중 뺄셈을 <u>잘못한</u> 것은 어느 것일까요? ·····················( )

① 12−9=3   ② 16−8=8
③ 15−7=9   ④ 13−7=6
⑤ 14−6=8

16 구슬을 윤하는 7개, 성현이는 8개 가지고 있습니다. 두 사람이 가지고 있는 구슬은 모두 몇 개일까요?

( )

17 계산 결과가 11−6보다 큰 것을 모두 찾아 ○표 하세요.

12−4   14−7   13−9

18 4장의 수 카드 중에서 2장을 골라 합이 가장 큰 덧셈식을 만들어 보세요.

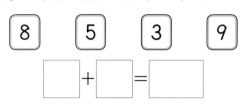

☐ + ☐ = ☐

19 계산 결과가 작은 것부터 차례대로 선으로 이어 보세요.

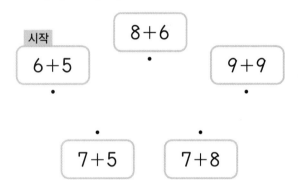

4 단원

서술형

20 주차장에 자동차가 16대 있었는데 그 중에서 9대가 나갔습니다. 주차장에 남아 있는 자동차는 몇 대인지 식을 쓰고 답을 구하세요.

식 _____

답 _____

1 그림을 보고 덧셈을 해 보세요.

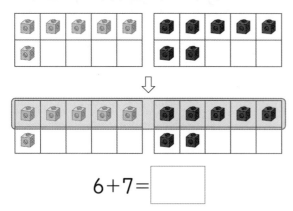

$$6+7=\boxed{}$$

〔2~3〕 그림을 보고 □ 안에 알맞은 수를 써 넣으세요.

2

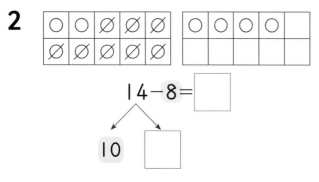

$$14-8=\boxed{}$$

10 □

3

$$14-7=\boxed{}$$

□ 3

〔4~5〕 10을 만들어 덧셈을 해 보세요.

4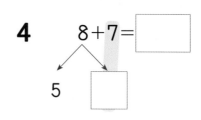

$$8+7=\boxed{}$$

5 □

5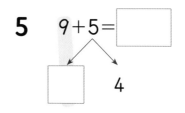

$$9+5=\boxed{}$$

□ 4

〔6~7〕 계산해 보세요.

6 $7+4=\boxed{}$

7 $16-8=\boxed{}$

8 다음 그림에 알맞은 뺄셈식은 어느 것일 까요?·····················(   )

① 13-4=9   ② 13-5=8
③ 13-6=7   ④ 13-8=5
⑤ 13-9=4

9 7과 더해서 16이 되는 수를 찾아 ○표 하세요.

6   7   8   9

10 계산 결과가 <u>다른</u> 하나를 찾아 기호를 써 보세요.

㉠ 11-2   ㉡ 14-5
㉢ 16-8   ㉣ 18-9

(   )

11 계산 결과가 같은 것끼리 선으로 이어 보세요.

12-3 ·   · 13-8

11-6 ·   · 12-5

14-7 ·   · 16-7

12 다음 중 덧셈을 바르게 한 것은 어느 것일 까요?·····················(   )

① 3+8=12   ② 7+6=14
③ 8+5=15   ④ 9+2=11
⑤ 6+5=13

13 더해서 14가 되는 두 수를 선으로 이어 보세요.

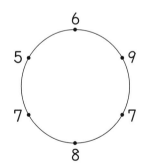

14 □ 안에 알맞은 수를 써넣으세요.

9+6=☐

6+☐=15

15 보기와 같이 수 카드 **3**장을 모두 사용하여 **뺄셈식**을 **2**개 만들어 보세요.

보기

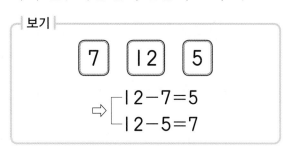

8　15　7

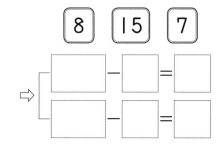

16 빈칸에 알맞은 수를 써넣으세요.

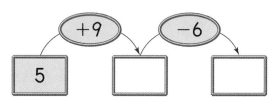

서술형

17 가방 안에 공책 **7**권, 책 **5**권이 있습니다. 가방 안에 있는 공책과 책은 모두 몇 권인지 풀이 과정을 쓰고 답을 구하세요.

풀이

답 _____

18 계산 결과가 작은 것부터 차례대로 기호를 써 보세요.

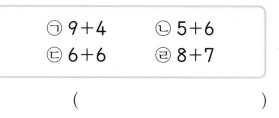

(　　　　　　　　)

19 주어진 피아노 건반 중 흰 건반은 검은 건반보다 몇 개 더 많은지 구하세요.

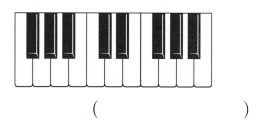

(　　　　　　　　)

20 보기와 합이 같은 식을 찾아 ○, △, □표 하세요.

보기

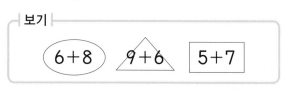

5+9	6+6	3+9
7+5	6+9	7+7
8+7	8+6	8+4

4단원 **단원평가** 5회   **덧셈과 뺄셈**(2)

1 그림을 보고 □ 안에 알맞은 수를 써넣으세요.

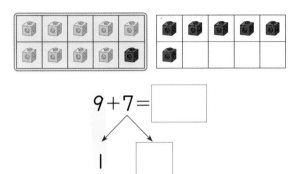

$$9+7=\boxed{}$$

$$\downarrow$$

$$1 \qquad \boxed{}$$

2 □ 안에 알맞은 수를 써넣으세요.

$$14-9=\boxed{}$$

$$\downarrow$$

$$4 \qquad \boxed{}$$

〔3~4〕 계산해 보세요.

3 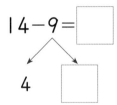 $15-6=\boxed{}$

4 $5+8=\boxed{}$

5 그림을 보고 알맞은 식에 ○표 하세요.

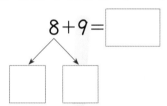

$$(17-8,\ 18-7)$$

6 10을 만들어 덧셈을 해 보세요.

$$8+9=\boxed{}$$

$$\swarrow \qquad \searrow$$

$$\boxed{} \qquad \boxed{}$$

7 두 수의 합을 빈칸에 써넣으세요.

7	7

8 차가 더 작은 것을 찾아 △표 하세요.

$11-2$	$13-6$
( )	( )

9 계산을 바르게 한 사람은 누구인지 이름을 써 보세요.

$15-9=7$	$13-4=9$
〈유진〉	〈수영〉

(   )

10 3장의 수 카드 중에서 합이 14가 되는 두 수를 찾아 써 보세요.

9   5   6

(   )

11 수 카드 3장을 모두 사용하여 서로 다른 뺄셈식을 만들어 보세요.

16   9   7

식1 _____

식2 _____

12 $13-8$과 계산 결과가 같은 것은 모두 몇 개인지 구하세요.

㉠ $11-6$	㉡ $12-7$
㉢ $14-8$	㉣ $17-9$

(   )

13 구슬을 민수는 13개 가지고 있고, 유리는 6개 가지고 있습니다. 민수는 유리보다 구슬을 몇 개 더 많이 가지고 있을까요?

(   )

14 4장의 수 카드 중에서 가장 큰 수와 가장 작은 수의 차를 구하세요.

7   12   9   14

(   )

15 더해서 12가 되는 두 수를 찾아 ○표 하세요.

8   3   7   6   9

16 차가 큰 것부터 차례대로 선으로 이어 보세요.

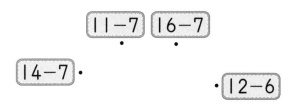

17 빈칸에 알맞은 수를 써넣으세요.

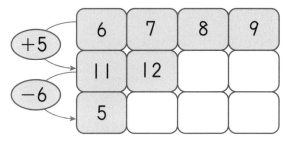

18 ㉠과 ㉡의 합을 구하세요.

$$18-9=㉠$$
$$16-8=㉡$$

(   )

19 주머니에서 꺼낸 두 개의 공에 적힌 두 수의 합이 더 크면 이기는 놀이를 합니다. 혜인이는 어떤 수의 공을 꺼내야 할까요? (단, 주머니에는 1부터 9까지의 공이 한 개씩 있습니다.)

> 민석: 나는 5와 7을 꺼냈어.
> 혜인: 나는 4를 꺼냈어. 어떤 수의 공을 꺼내야 민석이를 이길 수 있을까?

(   )

4 단원

서술형

20 초콜릿을 연진이는 7개 먹었고 현우는 연진이보다 2개 더 많이 먹었습니다. 두 사람이 먹은 초콜릿은 모두 몇 개인지 풀이 과정을 쓰고 답을 구하세요.

풀이

답 _____

1 민지는 파란색 풍선 4개, 빨간색 풍선 8개를 가지고 있습니다. 민지가 가지고 있는 풍선은 모두 몇 개인지 구하세요.

❶ □ 안에 알맞은 수를 써넣으세요.

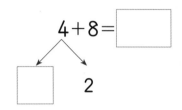

❷ 민지가 가지고 있는 풍선은 모두 몇 개일까요?

(　　　　　　)

2 어린이 11명에게 연필을 한 자루씩 나누어 주려고 합니다. 연필이 6자루 있을 때 연필은 몇 자루 더 필요한지 구하세요.

❶ □ 안에 알맞은 수를 써넣으세요.

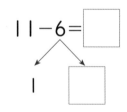

❷ 연필은 몇 자루 더 필요한지 구하세요.

(　　　　　　)

3 수 카드를 두 장 골라서 카드에 적힌 두 수의 합이 더 큰 사람이 이기는 놀이를 하였습니다. 세희와 지혜 중 이긴 사람은 누구인지 구하세요.

| 8 | 6 | | 9 | 4 |

〈세희〉　　　〈지혜〉

❶ 세희의 카드에 적힌 두 수의 합을 구하세요.

(　　　　　　　)

❷ 지혜의 카드에 적힌 두 수의 합을 구하세요.

(　　　　　　　)

❸ 세희와 지혜 중 이긴 사람은 누구일까요?

(　　　　　　　)

4 4장의 수 카드 중에서 가장 큰 수와 가장 작은 수의 차를 구하세요.

| 7 | 4 | 12 | 13 |

❶ 가장 큰 수는 얼마일까요?

(　　　　　　　)

❷ 가장 작은 수는 얼마일까요?

(　　　　　　　)

❸ 가장 큰 수와 가장 작은 수의 차를 구하세요.

(　　　　　　　)

풀이 과정을 직접 쓰는

서술형 평가 ② 덧셈과 뺄셈 (2)

점수

스피드 정답 7~8쪽 | 정답 및 풀이 30쪽

1 쟁반에 사탕이 8개 있습니다. 사탕을 5개 더 놓으면 사탕은 모두 몇 개인지 풀이 과정을 쓰고 답을 구하세요.

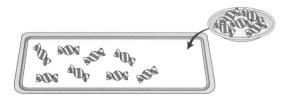

풀이

답 _____

✎ **어떻게 풀까요?**

덧셈식으로 나타내 사탕의 수를 구합니다.

2 4장의 수 카드 중에서 가장 큰 수와 가장 작은 수의 합은 얼마인지 풀이 과정을 쓰고 답을 구하세요.

| 5 | 8 | 7 | 9 |

풀이

답 _____

✎ **어떻게 풀까요?**

가장 큰 수와 가장 작은 수를 찾아 덧셈식으로 나타내 봅니다.

3 수 카드를 두 장 골라 카드에 적힌 두 수의 차가 큰 사람이 이기는 놀이를 하였습니다. 은우와 창호 중에 이긴 사람은 누구인지 풀이 과정을 쓰고 답을 구하세요.

12	4		16	9

〈은우〉　　　　〈창호〉

풀이

답 _____

어떻게 풀까요?

은우와 창호의 수 카드에 적힌 수의 차를 각각 구해 비교합니다.

4 ㉠과 ㉡의 합은 얼마인지 풀이 과정을 쓰고 답을 구하세요.

$$12-5=㉠$$
$$15-7=㉡$$

풀이

답 _____

어떻게 풀까요?

먼저 ㉠과 ㉡을 각각 구합니다.

오답 베스트 5

1 □ 안에 알맞은 수를 써넣으세요.

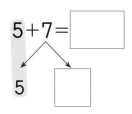

$$5+7=\boxed{}$$

5

2 초콜릿이 13개, 사탕이 5개 있습니다. 초콜릿은 사탕보다 몇 개 더 많을까요?

(   )

3 야구공은 14개, 야구방망이는 5개 있습니다. 야구공은 야구방망이보다 몇 개 더 많을까요?

(   )

4 계산 결과를 비교하여 ○ 안에 >, =, <를 알맞게 써넣으세요.

$$15-8 \bigcirc 12-6$$

5 성준이는 고구마 5개와 감자 6개를 캤고 연우는 고구마 3개와 감자 9개를 캤습니다. 고구마와 감자를 더 많이 캔 사람은 누구일까요?

(   )

5 단원

규칙 찾기

개념정리 규칙 찾기

개념 ① 규칙 찾기

(1) 반복되는 부분을 표시하고 규칙 말하기

①

규칙 ■와 ▲가 반복됩니다.

②

규칙 |||와 ⟩⟩⟩가 반복됩니다.

(2) 규칙을 찾아 빈칸을 채우고 규칙 말하기

①   ❶

규칙 파란색과 노란색이 반복됩니다.

② ⬇⬇⬆⬇⬇⬆⬇⬇ ❷

규칙 ⬇, ⬇, ⬆이 반복됩니다.

(3) 생활 속에서 규칙 찾기

①

규칙 나무가 큰 것, 작은 것이 반복됩니다.

②

규칙 100원짜리 동전이 바로, 거꾸로 반복됩니다.

개념 ② 규칙 만들기(1)

• 바둑돌 (●, ○)로 규칙 만들기

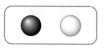

 검은색, 흰색이 반복되는 규칙을 만들었어요.

흰색, 검은색, ❸ 이 반복되는 규칙을 만들었어요.

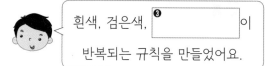

개념 ③ 규칙 만들기(2)

(1) 규칙에 따라 색칠하기

• 첫째 줄은 ☐와 ▨가 반복됩니다.

• 둘째 줄은 ▨와 ☐가 반복됩니다.

(2) 모양으로 규칙 만들기

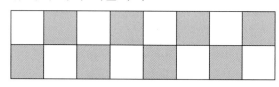

• 첫째 줄은 ◎와 △가 반복됩니다.

• 둘째 줄은 △와 ◎가 반복됩니다.

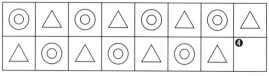

| 정답 | ❶ 노랑 ❷ ⬆ ❸ 검은색 ❹ ◎

개념 4 수 배열에서 규칙 찾기

· 2 — 5 — 2 — 5 — 2 — 5

⇨ 2와 5가 반복되는 규칙입니다.

· 10 — 20 — 30 — 40 — ❺ — 60

⇨ 10부터 시작하여 10씩 커집니다.

· 24 — 20 — 16 — 12 — 8 — ❻

⇨ 24부터 시작하여 4씩 작아집니다.

개념 5 수 배열표에서 규칙 찾기

(1) 수 배열표에서 규칙 찾기

1	2	3	4	5	6	7	8	9	10
11	12	13	14	15	16	17	18	19	20
21	22	23	24	25	26	27	28	29	30
31	32	33	34	35	36	37	38	39	40
41	42	43	44	45	46	47	48	49	50
51	52	53	54	55	56	57	58	59	60
61	62	63	64	65	66	67	68	69	70
71	72	73	74	75	76	77	78	79	80
81	82	83	84	85	86	87	88	89	90
91	92	93	94	95	96	97	98	99	100

· ▬에 있는 수는 41부터 시작하여 → 방향으로 1씩 커집니다.

· ▬에 있는 수는 3부터 시작하여 ↓ 방향으로 10씩 커집니다.

· ▬에 있는 수는 60부터 시작하여 ╱ 방향으로 9씩 커집니다.

(2) 규칙을 찾아 색칠하기

11	12	13	14	15	16	17	18	19	20
21	22	23	24	25	26	27	28	29	30
31	32	33	34	35	36	37	38	39	40

+3   +3

⇨ 색칠한 수는 12부터 시작하여 ❼ 씩 커집니다.

개념 6 규칙을 여러 가지 방법으로 나타내기

(1) 규칙을 모양으로 나타내기

규칙 구름, 새가 반복됩니다.

규칙에 따라 구름을 ◯, 새를 △로 나타내 봅니다.

○	△	○	△	○	❽

(2) 규칙을 수로 나타내기

규칙 토끼, 병아리, 병아리가 반복됩니다.

규칙에 따라 토끼를 4, 병아리를 2로 나타내 봅니다.

4	2	2	4	2	❾

반복되는 부분을 표시하여 규칙을 찾고 모양 또는 수로 나타냅니다.

|정답| ❺ 50 ❻ 4 ❼ 3 ❽ △ ❾ 2

5 단원

쪽지시험 1회 규칙 찾기

스피드 정답 8쪽 | 정답 및 풀이 31쪽

점수

〔1~3〕 반복되는 부분에 ○표 하세요.

1

2

3

〔4~5〕 규칙을 찾아 빈칸에 알맞은 그림에 ○표 하세요.

4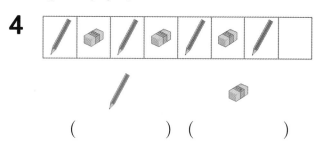

( ) ( )

5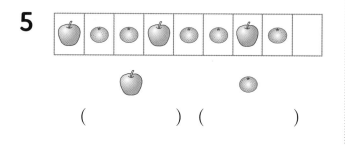

( ) ( )

〔6~7〕 규칙을 찾아 빈칸에 알맞게 써넣으세요.

6

규칙 ⬆, ☐ 가 반복됩니다.

7

규칙 연결 모형의 개수가 1개,

☐ 개, ☐ 개씩 반복됩니다.

〔8~9〕 규칙에 따라 빈칸에 알맞은 모양을 그려 보세요.

8

9

10 ⬤ 와 ▽ 를 사용하여 규칙을 만들어 보세요.

쪽지시험 2회 · 규칙 찾기

〔1~2〕 규칙에 따라 빈칸에 알맞은 색을 칠해 보세요.

1

노랑	보라	노랑	보라	노랑	보라		
보라	노랑	보라	노랑	보라	노랑		

2

파랑	초록	초록	파랑	초록	초록	파랑		
초록	초록	파랑	초록	초록	파랑	초록		

3 규칙에 따라 빈칸에 알맞은 모양을 그려 무늬를 완성해 보세요.

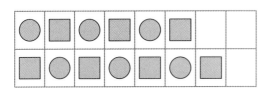

〔4~5〕 △, ◇ 모양으로 규칙을 만들어 보세요.

4

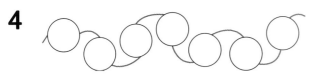

5

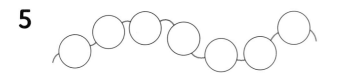

〔6~7〕 □ 안에 알맞은 수를 써넣으세요.

6

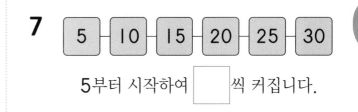

5와 □ 가 반복되는 규칙입니다.

7

5부터 시작하여 □ 씩 커집니다.

〔8~10〕 규칙에 따라 빈칸에 알맞은 수를 써넣으세요.

8

1	3	5	7		11

9

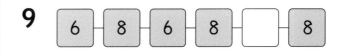

10

21	18	15		9	6

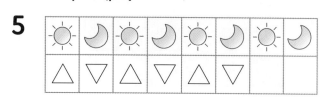

[1~3] 수 배열표를 보고 물음에 답하세요.

1	2	3	4	5	6	7	8	9	10
11	12	13	14	15	16	17	18	19	20
21	22	23	24	25	26	27	28	29	30
31	32	33	34	35	36		38		

1 수 배열표의 빈칸에 알맞은 수를 써넣으세요.

2 색칠한 수의 규칙을 찾아보세요.

> 색칠한 수는 2부터 시작하여
> (4씩 , 5씩) 커집니다.

3 ---에 있는 수의 규칙을 찾아보세요.

> 2부터 시작하여 ↓방향으로
>
> ☐ 씩 커집니다.

4 색칠한 규칙에 따라 나머지 부분에 색칠해 보세요.

61	62	63	64	65	66	67	68	69	70
71	72	73	74	75	76	77	78	79	80
81	82	83	84	85	86	87	88	89	90
91	92	93	94	95	96	97	98	99	100

[5~7] 규칙에 따라 빈칸에 알맞은 모양을 그려 보세요.

5
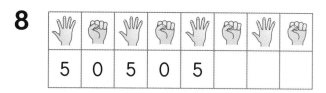

6

7

[8~10] 규칙에 따라 빈칸에 알맞은 수를 써넣으세요.

8

🖐	✊	🖐	✊	🖐	✊	🖐	✊
5	0	5	0	5			

9

2	2	1	2	2	1		

10

4	3	3	4	3			

단원평가 1회 규칙 찾기

1 반복되는 부분을 찾아 ◯로 묶어 보세요.

2 규칙을 찾아 □ 안에 알맞은 말을 써넣으세요.

규칙 모자, 양말, ⬚ 이/가
반복됩니다.

3 규칙에 따라 빈칸에 알맞은 모양을 그려 보세요.

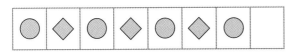

4 규칙에 따라 빈칸을 색칠해 보세요.

| 분홍 | 초록 | 분홍 | 초록 | 분홍 | 초록 | | |
| 초록 | 분홍 | 초록 | 분홍 | 초록 | 분홍 | | |

[5~6] 그림을 보고 물음에 답하세요.

딸기 참외

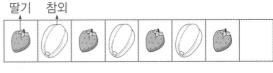

5 반복되는 과일의 이름을 차례대로 써 보세요.

6 빈칸에 알맞은 과일의 이름을 써 보세요.

(   )

[7~8] 규칙에 따라 빈칸에 알맞은 수를 써 넣으세요.

7

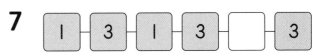

8

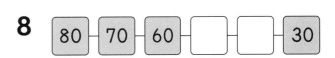

[9~10] 수 배열에서 여러 가지 규칙을 찾아 □ 안에 알맞은 수를 써넣으세요.

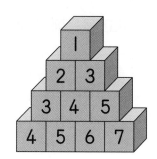

9 1부터 시작하여 ↙ 방향으로 □ 씩 커집니다.

10 1부터 시작하여 ↘ 방향으로 □ 씩 커집니다.

11 수 배열을 보고 알맞은 것을 찾아 기호를 써 보세요.

25	30	35	40		50

⊙ 25부터 시작하여 5씩 커집니다.
ⓒ 빈칸에 들어갈 수는 60입니다.

(   )

12 서진이가 말한 규칙에 따라 바둑돌을 그려 보세요.

바둑돌을 검은색, 흰색, 흰색의 순서로 놓는 규칙이에요.

서진

13 바둑돌 (●, ○)을 사용하여 위 **12**와 다른 규칙을 만들어 보세요.

14 규칙에 따라 빈칸에 알맞은 수를 써넣으세요.

🐤	🐰	🐰	🐤	🐰	🐰	🐤
2	4	4	2			

15 수 배열표의 색칠된 칸에 알맞은 수를 써넣으세요.

40			43			46			49
	52			55			58		
	61			64			67		
70			73			76			79
		82							

16 규칙에 따라 빈칸에 알맞은 수를 써넣으세요.

19	21	23	25

27		31

17 색칠한 수의 규칙에 따라 나머지 부분에 색칠해 보세요.

11	12	13	14	15	16	17	18
19	20	21	22	23	24	25	26
27	28	29	30	31	32	33	34
35	36	37	38	39	40	41	42
43	44	45	46	47	48	49	50

〔 18~20 〕 수 배열표를 보고 물음에 답하세요.

60	61	62	63			
67	68	69	70	71	72	73
74	75	76	77	78	79	80
♥	82	83	84	85	86	87

18 색칠한 수의 규칙을 찾아 □ 안에 알맞은 수를 써넣으세요.

60부터 시작하여 ↓방향으로

□씩 커집니다.

19 ♥에 알맞은 수는 무엇일까요?

(   )

20 □ 안에 알맞은 수를 써넣으세요.

----에 있는 수는 →방향으로 1씩 커지므로 63 다음 칸에 올 수를 차례대로 쓰면 □ , □ , □ 입니다.

[1~2] 그림을 보고 물음에 답하세요.

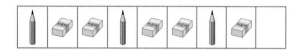

1 반복되는 물건의 이름을 차례대로 써 보세요.

| 연필 | 지우개 | |

2 규칙에 따라 빈칸에 알맞은 물건에 ○표 하세요.

(   ) (   )

3 수 배열의 규칙을 찾아 알맞은 말에 ○표 하세요.

10부터 시작하여 4씩
(커집니다 , 작아집니다).

[4~5] 규칙에 따라 빈칸에 알맞은 모양을 그려 보세요.

4

5
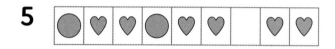

[6~7] 규칙에 따라 빈칸에 알맞은 수를 써 넣으세요.

6

7
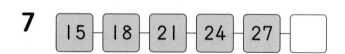

8 규칙에 따라 빈칸에 알맞은 모양을 그려 보세요.

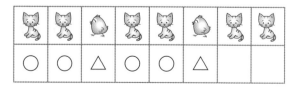

〔9~10〕 수 배열표를 보고 규칙을 찾아보세요.

1	2	3	4	5	6
7	8	9	10	11	12
13	14	15	16	17	18
19	20	21	22	23	24
25	26	27	28	29	30
31	32	33	34	35	36

9 ➡ 에 있는 수는 ☐ 씩 커집니다.

10 ⬇ 에 있는 수는 ☐ 씩 커집니다.

11 규칙에 따라 빈칸에 알맞은 동작을 찾아 기호를 써 보세요.

(   )

12 빈칸에 알맞은 수는 무엇일까요?
·······························(   )

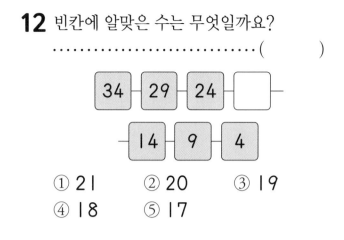

① 21 　　② 20 　　③ 19
④ 18 　　⑤ 17

13 주어진 규칙에 따라 빈칸에 알맞은 모양을 그려 보세요.

⚪, 🔺, 🔺가 반복되는 규칙

14 ⚪와 🔺를 사용하여 위 **13**과 다른 규칙을 만들어 보세요.

15 규칙에 따라 빈칸에 들어갈 그림에서 펼친 손가락은 몇 개일까요?

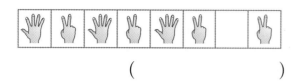

( )

16 규칙에 따라 빈칸에 알맞은 수를 써넣으세요.

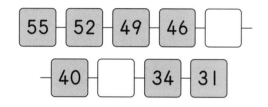

17 규칙에 따라 빈칸에 알맞은 색을 칠해 보세요.

파랑	분홍	파랑	분홍	파랑	분홍
분홍	파랑	분홍	파랑	분홍	
분홍	파랑	분홍	파랑	분홍	
파랑	분홍	파랑			

〔 18~20 〕 수 배열표를 보고 물음에 답하세요.

51	52	53	54	55	56	57	♥
59	60	61	62	63		65	66
67	68	69	70	71		73	74
75	76	77	78	79		81	82

18 ♥에 알맞은 수는 무엇일까요?

( )

19 수 배열표의 빈칸에 알맞은 수를 써넣으세요.

20 색칠한 수는 어떤 규칙이 있는지 ☐ 안에 알맞은 수를 써넣으세요.

> 56부터 시작하여 ╱ 방향으로
> ☐ 씩 커집니다.

단원평가 3회 규칙 찾기

5 단원

1 규칙에 따라 반복되는 과일의 이름을 차례대로 써 보세요.

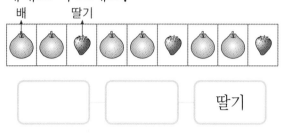

| | | 딸기 |

[2~3] 그림을 보고 물음에 답하세요.

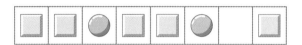

2 반복되는 규칙을 찾아 ○표 하세요.

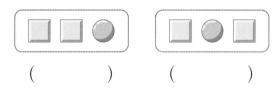

( ) ( )

3 규칙에 따라 빈칸에 알맞은 모양을 찾아 기호를 써 보세요.

( )

4 규칙에 따라 빈칸에 알맞은 모양을 그려 보세요.

5 규칙을 바르게 말한 사람의 이름을 써 보세요.

은서: 개수가 2개, 1개가 반복돼.
유주: 개수가 2개, 1개, 1개가 반복돼.

( )

6 규칙에 따라 빈칸을 색칠해 보세요.

| 노랑 | 노랑 | 주황 | 노랑 | 노랑 | 주황 | | | 주황 |
| 주황 | 노랑 | 노랑 | 주황 | 노랑 | 노랑 | | | 노랑 |

[7~8] 규칙에 따라 빈칸에 알맞은 수를 써 넣으세요.

7

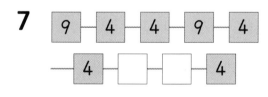

8

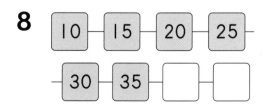

[9~10] 규칙에 따라 수로 나타낸 것입니다. 물음에 답하세요.

3	2	3	2		

서술형

9 자전거를 놓은 규칙을 찾아 써 보세요.

규칙 _____

_____

10 규칙에 따라 위의 빈칸에 알맞은 수를 써넣으세요.

11 규칙에 따라 빈칸에 알맞은 모양을 그려 보세요.

□	○	□	○	□	○		

12 수 배열표의 일부분입니다. 색칠한 수의 규칙을 바르게 설명한 것을 찾아 기호를 써 보세요.

65	66	67	68	69	70
75	76	77	78	79	80
85	86	87	88	89	90

㉠ 68부터 시작하여 ╱ 방향으로 5씩 커집니다.

㉡ 68부터 시작하여 ╱ 방향으로 9씩 커집니다.

㉢ 86부터 시작하여 ╱ 방향으로 10씩 커집니다.

(   )

13 규칙에 따라 빈칸에 알맞은 모양을 그려 보세요.

○	□	□	○	□	□
○	□		○	□	□
○		□		□	□

14 ♩는 큰북을 치고, ♪는 작은북을 칩니다. 규칙에 따라 악보를 완성해 보세요.

15 규칙을 찾아 빈칸에 알맞은 수를 써넣으세요.

31	35		43	
32		40		
	37	41	45	49
34				50

16 위 **15**에서 색칠한 수는 어떤 규칙이 있는지 알아보세요.

규칙 31부터 시작하여 ↘방향으로

☐ 씩 (작아집니다 , 커집니다).

17 다음 수 배열에서 규칙을 찾아보세요.

34 — 30 — 26 — 22 —

— 18 — 14 — 10 — 6

규칙 34부터 시작하여 ☐ 씩

(작아집니다 , 커집니다).

18 규칙에 따라 빈칸에 점을 그리고 수를 써넣으세요.

•	••	•••	•			•	••
1	2	3	1	2	3		

[19~20] 수 배열표를 보고 물음에 답하세요.

44	45	46		48	49	50
51					56	57
58			61			
♣			★	69	70	71

19 ♣에 알맞은 수는 무엇일까요?

( )

20 ★에 알맞은 수는 무엇일까요?

( )

1 규칙에 따라 빈칸에 알맞은 것에 ○표 하세요.

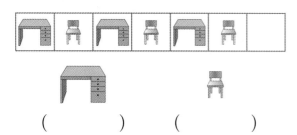

(   )   (   )

〔2~3〕 규칙에 따라 빈칸에 알맞은 모양을 그려 보세요.

2

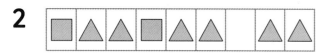

3

★ ▽ ★ ★ ▽ ★ ★ ▽ □

4 규칙에 따라 빈칸에 알맞은 수를 써넣으세요.

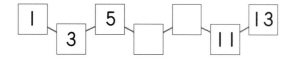

5 반복되는 부분을 바르게 묶은 것에 ○표 하세요.

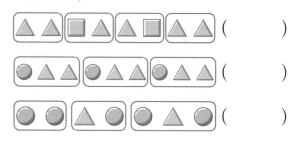

6 |규칙|에 따라 수를 쓸 때 ㉠에 알맞은 수를 구하세요.

|규칙|

3, 8, 8이 반복됩니다.

3   8   8   ☐   ☐   ☐   ㉠

(   )

7 규칙에 따라 빈칸에 알맞은 수를 써넣으세요.

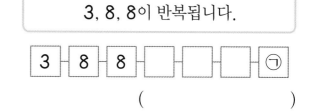

8 규칙에 따라 빈칸에 알맞은 공을 찾아 기호를 써 보세요.

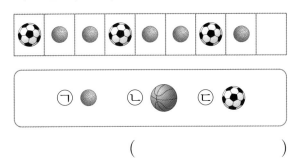

(   )

〔9~10〕 그림을 보고 물음에 답하세요.

┌→남자┌→여자

9 학생들이 서 있는 규칙을 써 보세요.

규칙 남자, ☐, ☐ 가

반복됩니다.

10 학생들이 서 있는 규칙에 따라 ○, ×로 나타내 보세요.

| ○ | × | ○ | ○ | × | ○ | | |

11 규칙에 따라 무늬를 완성해 보세요.

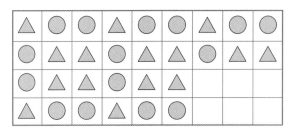

〔12~13〕 규칙에 따라 빈칸에 알맞은 모양을 그려 넣거나 수를 써넣으세요.

12

🐔	🐰	🐰	🐔	🐰	🐰	🐔
♡	△	△	♡	△	△	

13

🌙	🌙	☆	☆	🌙	🌙	☆	☆
9	9	7	7	9	9		

14 수 배열표에서 색칠된 수의 규칙에 따라 54 다음의 수에 색칠해 보세요.

33	34	35	36	37	38	39	40	41
42	43	44	45	46	47	48	49	50
51	52	53	54	55	56	57	58	59

15 주어진 규칙에 따라 빈칸에 알맞은 수를 써넣으세요.

62부터 시작하여 10씩 작아집니다.

| 62 | 52 | | | | |

16 규칙에 따라 빈칸에 알맞은 도장을 차례대로 나타낸 것은 어느 것일까요?
·································· (   )

서술형

17 빵과 우유를 어떤 규칙으로 늘어놓았는지 써 보세요.

규칙 _____

_____

18 색칠된 칸에는 어떤 수가 들어가는지 작은 수부터 차례대로 써 보세요.

59	60	61	62		
65			68		

(   )

[19~20] 수 배열표를 보고 물음에 답하세요.

37	38	39	40	41	42	43
44	45	46			48	49	50
51					★	
58				62	63	64

19 ★에 알맞은 수는 무엇일까요?

(   )

20 수 배열표에서 색칠한 수의 규칙을 찾아 빈칸에 차례대로 써넣으세요.

| 41 | | | |

단원평가 5회 규칙 찾기

1 규칙에 따라 빈칸에 알맞은 것에 ○표 하세요.

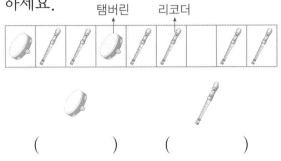

(   )   (   )

2 규칙에 따라 빈칸에 알맞은 모양을 그려 보세요.

3 규칙을 찾아 반복되는 동물의 이름을 차례대로 써 보세요.

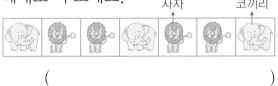

(   )

4 규칙에 따라 빈칸에 알맞은 수를 써넣으세요.

〔5~6〕 그림을 보고 물음에 답하세요.

5 바둑돌의 규칙을 알맞게 말한 사람은 누구일까요?

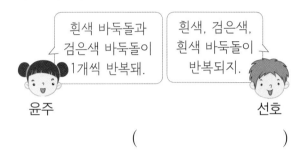

흰색 바둑돌과 검은색 바둑돌이 1개씩 반복돼.
윤주

흰색, 검은색, 흰색 바둑돌이 반복되지.
선호

(   )

6 빈칸에 놓일 바둑돌은 무슨 색일까요?

(   )

7 규칙에 따라 빈칸에 알맞은 수를 써넣으세요.

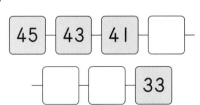

8 |규칙|에 따라 빈칸에 알맞은 수를 써넣으세요.

| 규칙 |
→ 방향으로 | 씩 작아집니다.

	2	1
6	5	
9		

9 위 **8**과 다른 |규칙|에 따라 빈칸에 알맞은 수를 써넣으세요.

| 규칙 |
← 방향으로 | 씩 작아집니다.

	8	9
4	5	
1		3

[10~11] 규칙에 따라 빈칸에 알맞은 모양을 그려 보세요.

10
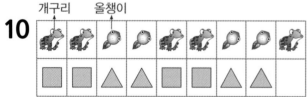

11
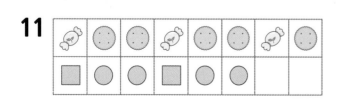

12 규칙에 따라 빈칸에 알맞은 수를 찾아 선으로 이어 보세요.

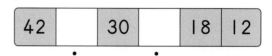

13 규칙에 따라 신발을 정리하였습니다. ㉠과 ㉡에는 각각 어떤 신발을 놓아야 할까요? ····················· (   )

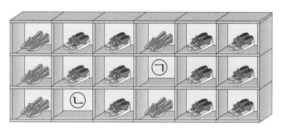

① ㉠ 구두, ㉡ 구두
② ㉠ 구두, ㉡ 운동화
③ ㉠ 슬리퍼, ㉡ 운동화
④ ㉠ 운동화, ㉡ 구두
⑤ ㉠ 운동화, ㉡ 슬리퍼

14 규칙에 따라 빈칸을 채워 무늬를 완성해 보세요.

○	△	○	△	○	△		
△	○	△	○	△	○		
○	△	○	△	○	△		

서술형

15 규칙에 따라 빈칸에 알맞은 수는 무엇인지 풀이 과정을 쓰고 답을 구하세요.

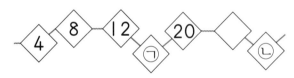

| 1 | 2 | 1 | 2 | 1 | | 1 | 2 |

풀이

답 _____

〔16~17〕 수 배열을 보고 물음에 답하세요.

4 — 8 — 12 — ㉠ — 20 — □ — ㉡

16 규칙을 찾아 써 보세요.

규칙 4부터 시작하여 _____

17 ㉠과 ㉡에 알맞은 수를 구하세요.

㉠ (   ), ㉡ (   )

18 수 배열표에 색칠한 수와 같은 규칙이 되도록 수 배열의 빈칸에 알맞은 수를 써넣으세요.

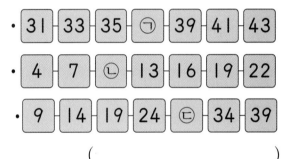

51	52	53	54	55	56	57	58
59	60	61	62	63	64	65	66
67	68	69	70	71	72	73	74

20 — □ — □ — □ — □ — 35

19 ㉠, ㉡, ㉢에 알맞은 수가 큰 것부터 차례대로 기호를 써 보세요.

• 31 — 33 — 35 — ㉠ — 39 — 41 — 43

• 4 — 7 — ㉡ — 13 — 16 — 19 — 22

• 9 — 14 — 19 — 24 — ㉢ — 34 — 39

(   )

서술형

20 수 배열표의 일부분입니다. ㉠과 ㉡에 알맞은 수는 각각 얼마인지 풀이 과정을 쓰고 답을 구하세요.

	47		49	50
66		㉠	69	70
86	87		㉡	

풀이

답 ㉠ _____, ㉡ _____

5 단원 서술형 평가 ❶ 규칙 찾기

1 규칙에 따라 빈칸에 알맞은 과일의 이름을 써 보세요.

배   딸기

❶ 규칙을 찾아 써 보세요.

☐ , ☐ 가 반복됩니다.

❷ 빈칸에 알맞은 과일은 무엇일까요?

(   )

2 규칙에 따라 ㉠에 알맞은 수를 구하세요.

| 3 | 8 | 13 | 18 | ㉠ | 28 |

❶ 수 배열에 어떤 규칙이 있을까요?

3부터 시작하여 ☐ 씩 커집니다.

❷ ㉠에 알맞은 수는 18보다 얼만큼 더 큰 수일까요?

(   )

❸ ㉠에 알맞은 수를 구하세요.

(   )

3 수 배열표에서 색칠한 수의 규칙에 따라 40 다음의 수에 색칠해 보세요.

21	22	23	24	25	26	27	28
29	30	31	32	33	34	35	36
37	38	39	40	41	42	43	44

❶ 색칠한 수는 어떤 규칙이 있을까요?

22부터 시작하여 ☐ 씩 커집니다.

❷ 색칠한 수의 규칙에 따라 40 다음의 수를 구하세요.

(   )

❸ ❷에서 구한 수에 색칠해 보세요.

4 규칙에 따라 ㉠과 ㉡에 들어갈 펼친 손가락은 모두 몇 개인지 답을 구하세요.

가위   보

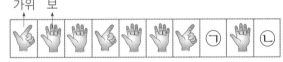

❶ 규칙을 찾아 써 보세요.

가위, ☐ , ☐ 가 반복됩니다.

❷ ㉠과 ㉡에 들어갈 손 모양은 무엇일까요?

㉠ (   ), ㉡ (   )

❸ ㉠과 ㉡에 들어갈 펼친 손가락은 모두 몇 개일까요?

(   )

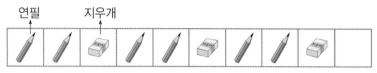

서술형 평가 ❷   규칙 찾기

1 규칙에 따라 빈칸에 알맞은 물건은 무엇인지 풀이 과정을 쓰고 답을 구하세요.

연필   지우개

풀이

답 _____

> ✏ **어떻게 풀까요?**
>
> 반복되는 물건들의 규칙을 찾고 빈칸에 알맞은 물건을 알아봅니다.

2 규칙에 따라 빈칸에 알맞은 수는 얼마인지 풀이 과정을 쓰고 답을 구하세요.

32 – 28 – 24 – 20 – ☐ – 12

풀이

답 _____

> ✏ **어떻게 풀까요?**
>
> 32부터 시작하여 몇씩 작아지는지, 커지는지 규칙을 찾아봅니다.

3 규칙에 따라 ㉠과 ㉡에 들어갈 펼친 손가락은 모두 몇 개
인지 풀이 과정을 쓰고 답을 구하세요.

보 바위

풀이

답 _____

✏ 어떻게 풀까요?

손 모양의 규칙을 찾아 ㉠과
㉡에 알맞은 손 모양을 알아
봅니다.

4 수 배열표에서 색칠한 수와 같은 규칙이 되도록 하려면
㉠에 알맞은 수는 얼마인지 풀이 과정을 쓰고 답을 구하
세요.

5	6	7	8	9	10	11	12
13	14	15	16	17	18	19	20
21	22	23	24	25	26	27	28

풀이

답 _____

✏ 어떻게 풀까요?

수 배열표에서 5부터 시작하
여 색칠한 수의 규칙을 먼저
찾아봅니다.

1 규칙에 따라 빈칸에 알맞은 모양을 그려 보세요.

△○△△△○△ □ □ △

2 규칙에 따라 초록색과 빨간색을 색칠할 때 40이 쓰인 칸에는 어떤 색을 칠해야 할까요?

초록	빨강	빨강	초록	빨강	빨강	초록	빨강	빨강
빨강	빨강	초록	빨강	빨강	초록	30	31	32
초록	빨강	빨강	36	37	38	39	40	41

( )

3 규칙을 찾아 ●와 ■에 알맞은 수를 구하세요.

4	5	6		8
9	10			●
	15		17	
19		■		23

● ( ), ■ ( )

4 규칙을 찾아 빈칸에 주사위의 눈을 그리고, 수를 써넣으세요.

2	4	2	4		4

5 규칙에 따라 색칠한 수를 보고 바르게 말한 사람의 이름을 써 보세요.

51	52	53	54	55	56	57	58	59	60
61	62	63	64	65	66	67	68	69	70
71	72	73	74	75	76	77	78	79	80
81	82	83	84	85	86	87	88	89	90
91	92	93	94	95	96	97	98	99	100

은경: 53부터 시작하여 5씩 커지는 수를 색칠했어.
수진: 더 색칠할 수는 83, 89, 95가 있어.

( )

6 단원

덧셈과 뺄셈 (3)

개념 ① 덧셈 알아보기 (1)

· 24+3의 계산 → 받아올림이 없는 (몇십몇)+(몇)

(1) 이어 세기로 구하기

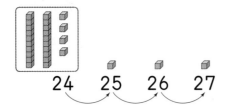

(2) 세로셈으로 구하기

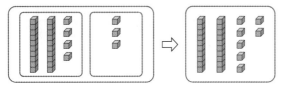

$$24+3=27$$

$$
\begin{array}{r} 2\ 4 \\ +\quad 3 \\ \hline \end{array}
\Rightarrow
\begin{array}{r} 2\ 4 \\ +\quad 3 \\ \hline 7 \end{array}
\Rightarrow
\begin{array}{r} 2\ 4 \\ +\quad 3 \\ \hline 2\ 7 \end{array}
$$

일 모형은 일 모형끼리 더하고 십 모형의
수는 그대로 씁니다.

개념 ② 덧셈 알아보기 (2)

· 30+20의 계산 → 받아올림이 없는 (몇십)+(몇십)

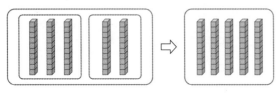

$$30+20=50$$

십 모형끼리 더해요.

$$
\begin{array}{r} 3\ 0 \\ +2\ 0 \\ \hline \end{array}
\Rightarrow
\begin{array}{r} 3\ 0 \\ +2\ 0 \\ \hline 0 \end{array}
\Rightarrow
\begin{array}{r} 3\ 0 \\ +2\ 0 \\ \hline \boxed{\text{❶}} \end{array}
$$

개념 ③ 덧셈 알아보기 (3)

· 33+15의 계산 → 받아올림이 없는 (몇십몇)+(몇십몇)

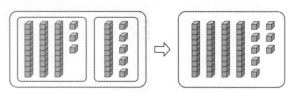

$$33+15=48$$

$$
\begin{array}{r} 3\ 3 \\ +1\ 5 \\ \hline \end{array}
\Rightarrow
\begin{array}{r} 3\ 3 \\ +1\ 5 \\ \hline 8 \end{array}
\Rightarrow
\begin{array}{r} 3\ 3 \\ +1\ 5 \\ \hline \boxed{\text{❷}} \end{array}
$$

십 모형은 십 모형끼리, 일 모형은 일 모형
끼리 더합니다.

개념 ④ 뺄셈 알아보기 (1)

· 25-3의 계산 → 받아내림이 없는 (몇십몇)-(몇)

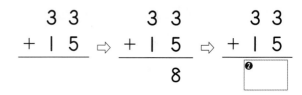

$$25-3=22$$

$$
\begin{array}{r} 2\ 5 \\ -\quad 3 \\ \hline \end{array}
\Rightarrow
\begin{array}{r} 2\ 5 \\ -\quad 3 \\ \hline 2 \end{array}
\Rightarrow
\begin{array}{r} 2\ 5 \\ -\quad 3 \\ \hline \boxed{\text{❸}} \end{array}
$$

일 모형은 일 모형끼리 빼고 십 모형의 수는
그대로 씁니다.

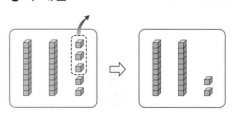

| 정답 | ❶ 50 ❷ 48 ❸ 22

개념 **5** **뺄셈 알아보기** (2)

• $60-20$의 계산 → 받아내림이 없는 (몇십)−(몇십)

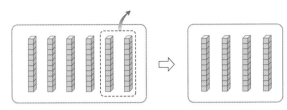

$$\underline{60}-\underline{20}=\underline{40}$$
십 모형끼리 빼요.

$$
\begin{array}{r}
6\ 0 \\
-\ 2\ 0 \\
\end{array}
\Rightarrow
\begin{array}{r}
6\ 0 \\
-\ 2\ 0 \\
\hline
0 \\
\end{array}
\Rightarrow
\begin{array}{r}
6\ 0 \\
-\ 2\ 0 \\
\hline
\boxed{❹} \\
\end{array}
$$

개념 **6** **뺄셈 알아보기** (3)

• $35-12$의 계산 → 받아내림이 없는 (몇십몇)−(몇십몇)

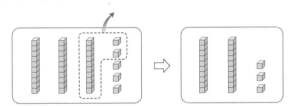

$$35-12=23$$

$$
\begin{array}{r}
3\ 5 \\
-\ 1\ 2 \\
\end{array}
\Rightarrow
\begin{array}{r}
3\ 5 \\
-\ 1\ 2 \\
\hline
3 \\
\end{array}
\Rightarrow
\begin{array}{r}
3\ 5 \\
-\ 1\ 2 \\
\hline
\boxed{❺} \\
\end{array}
$$

십 모형은 십 모형끼리, 일 모형은 일 모형끼리 뺍니다.

개념 **7** **덧셈과 뺄셈하기**

(1) 그림을 보고 덧셈하기

• 바둑돌은 모두 몇 개인지 구하기

덧셈식 $\quad 23+14=\boxed{❻}$
└→ 흰색 바둑돌의 수
└→ 검은색 바둑돌의 수

⇨ 바둑돌은 모두 **37**개입니다.

(2) 그림을 보고 뺄셈하기

• 우유가 빵보다 몇 개 더 많은지 구하기

뺄셈식 $\quad 28-14=\boxed{❼}$
└→ 빵의 수
└→ 우유의 수

⇨ 우유는 빵보다 **14**개 더 많습니다.

| 정답 | ❹ 40 ❺ 23 ❻ 37 ❼ 14

쪽지시험 1회 　덧셈과 뺄셈 (3)

[1~3] 그림을 보고 □ 안에 알맞은 수를 써 넣으세요.

1

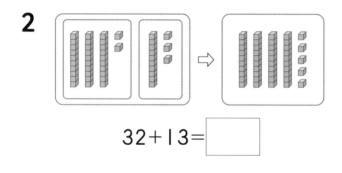

$20+4=$ ▢

2

$32+13=$ ▢

3

$45+24=$ ▢

[4~10] 덧셈을 해 보세요.

4 $12+5=$ ▢

5 $40+20=$ ▢

6 $37+21=$ ▢

7
$$\begin{array}{r} 2\ 5 \\ +\ \ \ 3 \\ \hline \end{array}$$

8
$$\begin{array}{r} 5\ 0 \\ +\ 2\ 0 \\ \hline \end{array}$$

9
$$\begin{array}{r} 3\ 0 \\ +\ 6\ 0 \\ \hline \end{array}$$

10
$$\begin{array}{r} 6\ 3 \\ +\ 1\ 4 \\ \hline \end{array}$$

쪽지시험 2회 덧셈과 뺄셈 (3)

〔1~3〕 그림을 보고 □ 안에 알맞은 수를 써 넣으세요.

1

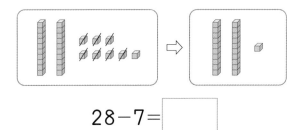

$28-7=$ ☐

2

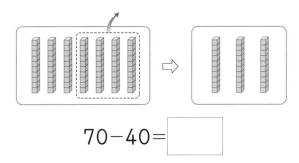

$70-40=$ ☐

3

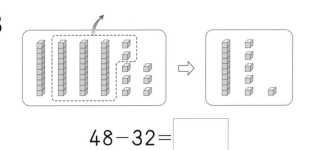

$48-32=$ ☐

〔4~10〕 뺄셈을 해 보세요.

4 $25-4=$ ☐

5 $90-70=$ ☐

6 $57-44=$ ☐

7
$$\begin{array}{r} 2\ 8 \\ -\ \ 5 \\ \hline \end{array}$$

8
$$\begin{array}{r} 6\ 0 \\ -\ 3\ 0 \\ \hline \end{array}$$

9
$$\begin{array}{r} 4\ 7 \\ -\ 2\ 5 \\ \hline \end{array}$$

10
$$\begin{array}{r} 7\ 4 \\ -\ 4\ 2 \\ \hline \end{array}$$

쪽지시험 3회 덧셈과 뺄셈 (3)

스피드 정답 10쪽 | 정답 및 풀이 36쪽

[1~3] 붙임딱지를 보고 물음에 답하세요.

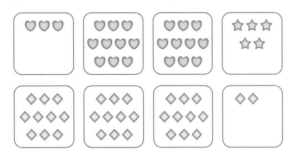

1 ♡ 모양과 ☆ 모양 붙임딱지는 모두 몇 개일까요?

$$23+\boxed{}=\boxed{}(개)$$

2 ◇ 모양과 ☆ 모양 붙임딱지는 모두 몇 개일까요?

$$32+\boxed{}=\boxed{}(개)$$

3 ♡ 모양과 ◇ 모양 붙임딱지는 모두 몇 개일까요?

$$23+\boxed{}=\boxed{}(개)$$

4 덧셈을 해 보세요.

$$18+10=\boxed{}$$

$$19+10=\boxed{}$$

5 버스에 11명이 타고 있었습니다. 이번 정류장에서 6명이 더 탔다면 버스에 타고 있는 사람은 모두 몇 명일까요?

( )

[6~8] 물고기를 보고 물음에 답하세요.

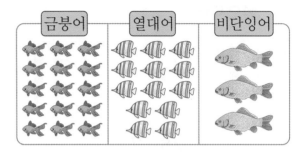

6 금붕어가 비단잉어보다 몇 마리 더 많을까요?

$$15-\boxed{}=\boxed{}(마리)$$

7 열대어가 비단잉어보다 몇 마리 더 많을까요?

$$13-\boxed{}=\boxed{}(마리)$$

8 금붕어가 열대어보다 몇 마리 더 많을까요?

$$15-\boxed{}=\boxed{}(마리)$$

9 뺄셈을 해 보세요.

$$57-11=\boxed{}$$

$$57-12=\boxed{}$$

10 공원에 참새가 28마리 있었습니다. 이 중에서 11마리가 날아갔다면 남아 있는 참새는 몇 마리일까요?

( )

단원평가 1회

덧셈과 뺄셈 (3)

[1~2] 그림을 보고 덧셈을 해 보세요.

1

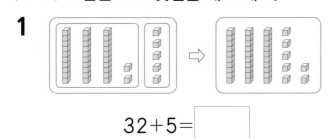

$32+5=$ ☐

2

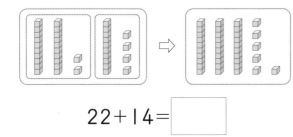

$22+14=$ ☐

[3~4] 그림을 보고 뺄셈을 해 보세요.

3

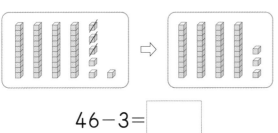

$46-3=$ ☐

4

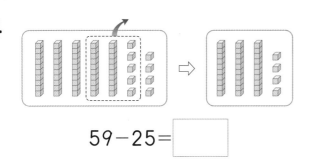

$59-25=$ ☐

5 뺄셈을 해 보세요.

$$\begin{array}{r} 4\ 8 \\ -\ 1\ 6 \\ \hline \end{array}$$

[6~7] 덧셈을 해 보세요.

6 $60+7=$ ☐

7 $30+30=$ ☐

8 연필은 색연필보다 몇 자루 더 많은지 구하세요.

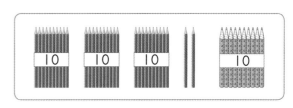

$32-10=$ ☐ (자루)

연필의 수 ←┘　└→ 색연필의 수

9 바르게 계산한 사람을 찾아 이름을 써 보세요.

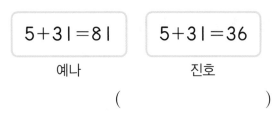

5+31=81	5+31=36
예나	진호

(   )

10 두 수의 합과 차를 각각 구하세요.

50   20

합 (   )

차 (   )

11 차가 같은 것끼리 선으로 이어 보세요.

55−5	·	·	27−5

29−7	·	·	58−8

12 계산 결과가 더 큰 것에 ○표 하세요.

$$\begin{array}{r} 3\ 5 \\ +\ \ \ 4 \\ \hline \end{array}$$

$$\begin{array}{r} 9\ 0 \\ -\ 6\ 0 \\ \hline \end{array}$$

(   )   (   )

〔13~14〕 화단에 장미가 13송이, 백합이 26송이 있습니다. 물음에 답하세요.

13 장미와 백합은 모두 몇 송이일까요?

식
$$\begin{array}{r} 1\ 3 \\ +\ \boxed{} \\ \hline \boxed{} \end{array}$$

답 $\boxed{}$ 송이

14 백합은 장미보다 몇 송이 더 많을까요?

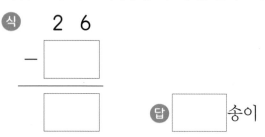

식
$$\begin{array}{r} 2\ 6 \\ -\ \boxed{} \\ \hline \boxed{} \end{array}$$

답 $\boxed{}$ 송이

〔15~16〕 계산해 보세요.

15 17+10=☐

17+20=☐

17+30=☐

17+40=☐

16 53−10=☐

53−20=☐

53−30=☐

53−40=☐

17 빈칸에 알맞은 수를 써넣으세요.

18 합이 가장 큰 것에 ○표 하세요.

39+20   (   )

43+13   (   )

50+10   (   )

19 가장 큰 수와 가장 작은 수의 합을 구하세요.

| 65 | 22 | 34 |

(   )

20 지민이네 반 남자 어린이는 28명이고 여자 어린이는 남자 어린이보다 12명 더 적습니다. 지민이네 반 여자 어린이는 몇 명일까요?

(   )

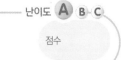
[1~2] 그림을 보고 ☐ 안에 알맞은 수를 써 넣으세요.

1

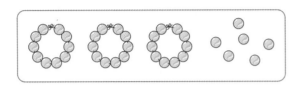

$$30+6=\boxed{}$$

2

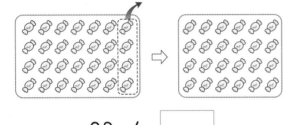

$$28-4=\boxed{}$$

[3~4] 그림을 보고 ☐ 안에 알맞은 수를 써 넣으세요.

3

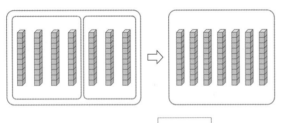

$$40+30=\boxed{}$$

4

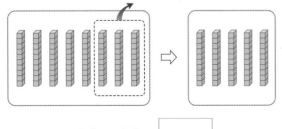

$$80-30=\boxed{}$$

[5~6] 덧셈을 해 보세요.

5
$$\begin{array}{r} 5\ 1 \\ +\quad 6 \\ \hline \boxed{} \end{array}$$

6 $20+43=\boxed{}$

7 뺄셈을 해 보세요.

$$67-4=\boxed{}$$

8 딸기가 귤보다 몇 개 더 많은지 구하세요.

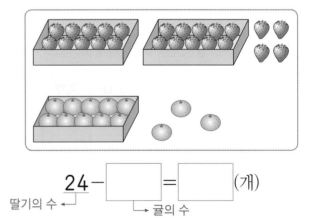

$$\underset{\text{딸기의 수}}{24}-\underset{\text{귤의 수}}{\boxed{}}=\boxed{}\ (\text{개})$$

9 빈칸에 알맞은 수를 써넣으세요.

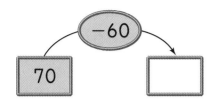

10 합이 같은 것끼리 선으로 이어 보세요.

| 21+31 | · | · | 30+10 |
| 20+20 | · | · | 50+2 |

11 예나가 말하는 수를 구하세요.

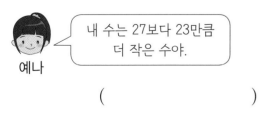

예나

내 수는 27보다 23만큼 더 작은 수야.

(   )

[12~14] 문방구에 있는 물건의 수를 나타낸 것입니다. 물음에 답하세요.

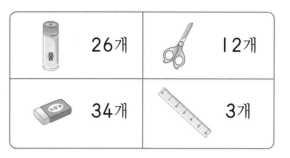

| 풀 | 26개 | 가위 | 12개 |
| 지우개 | 34개 | 자 | 3개 |

12 풀과 자는 모두 몇 개일까요?

26+ ☐ = ☐ (개)

13 풀과 가위는 모두 몇 개일까요?

26+ ☐ = ☐ (개)

14 지우개는 가위보다 몇 개 더 많을까요?

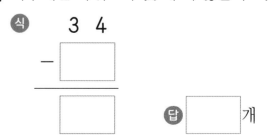

식

```
    3 4
-   ☐
─────────
    ☐
```

답 ☐ 개

15 34 와 10 을 사용하여 덧셈식과 뺄셈식을 만들어 보세요.

덧셈식 34 + ☐ = ☐

뺄셈식 34 − ☐ = ☐

16 가장 큰 수와 가장 작은 수의 차를 구하세요.

| 63 | 41 | 74 |

( )

17 계산 결과가 같은 두 식을 찾아 색칠해 보세요.

| 57−13 | 22+12 | 46−2 | 40+6 |

〔18~19〕 수현이는 친구들과 투호 놀이를 하고 있습니다. 화살을 수현이는 23개 넣었고, 재아는 36개 넣었습니다. 물음에 답하세요.

18 수현이와 재아가 넣은 화살은 모두 몇 개일까요?

( )

19 재아는 수현이보다 화살을 몇 개 더 넣었을까요?

( )

20 운동장에 어린이 37명이 있었습니다. 잠시 후에 12명의 어린이가 교실로 들어갔습니다. 운동장에 남아 있는 어린이는 몇 명일까요?

( )

단원평가 3회   덧셈과 뺄셈 (3)

〔1~2〕 그림을 보고 □ 안에 알맞은 수를 써 넣으세요.

1

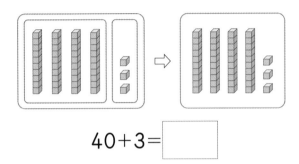

$40+3=$ ☐

2

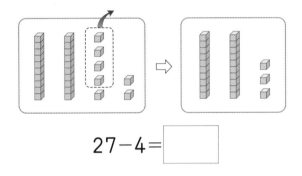

$27-4=$ ☐

3 그림을 보고 뺄셈을 해 보세요.

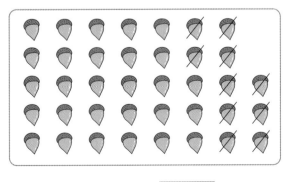

$38-10=$ ☐

〔4~5〕 덧셈을 해 보세요.

4
$$\begin{array}{r} 2\,4 \\ +\ \ 5 \\ \hline \end{array}$$

5
$$\begin{array}{r} 4\,0 \\ +\,5\,0 \\ \hline \end{array}$$

6 뺄셈을 해 보세요.

$80-20=$ ☐

7 계산 결과를 찾아 선으로 이어 보세요.

$31+5$ ·

30+4 ·

· 34

· 39

· 36

[8~11] 색연필을 보고 물음에 답하세요.

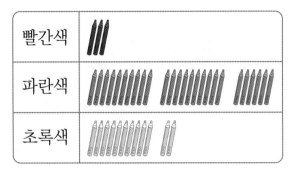

빨간색	
파란색	
초록색	

8 빨간색 색연필과 초록색 색연필은 모두 몇 자루일까요?

3+□=□ (자루)

9 파란색 색연필과 초록색 색연필은 모두 몇 자루일까요?

26+□=□ (자루)

10 파란색 색연필은 빨간색 색연필보다 몇 자루 더 많을까요?

26−□=□ (자루)

11 파란색 색연필은 초록색 색연필보다 몇 자루 더 많을까요?

□−□=□ (자루)

12 계산 결과의 크기를 비교하여 ○ 안에 >, =, <를 알맞게 써넣으세요.

35+31 ○ 50+14

13 빈칸에 알맞은 수를 써넣으세요.

70	+6		+13	

14 짝 지은 두 수의 차를 구하여 아래의 빈칸에 써넣으세요.

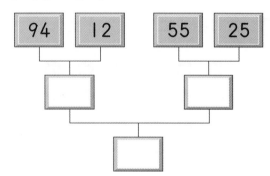

15 분홍색 수수깡이 40개, 노란색 수수깡이 30개 있습니다. 수수깡은 모두 몇 개일까요?

 (개)

16 더 큰 수를 말하는 사람의 이름을 써 보세요.

> 찬우: 32보다 16만큼 더 큰 수야.
> 우희: 20보다 25만큼 더 큰 수야.

( )

17 □ 안에 알맞은 수를 써넣으세요.

```
    6 □
  +  □ 2
  ─────
    8 9
```

18 은지는 구슬을 36개 가지고 있었습니다. 그중에서 5개를 동생에게 주었다면 은지에게 남은 구슬은 몇 개일까요?

( )

19 같은 모양에 적힌 수의 합을 각각 구하세요.

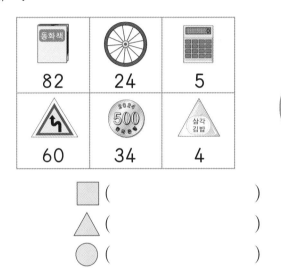

▢ ( )

△ ( )

○ ( )

서술형

20 할머니의 나이는 일흔다섯 살이고, 아버지의 나이는 마흔 살입니다. 할머니는 아버지보다 몇 살 더 많은지 풀이 과정을 쓰고 답을 구하세요.

풀이

답 _____

 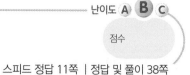

단원평가 4회   덧셈과 뺄셈 (3)

스피드 정답 11쪽 | 정답 및 풀이 38쪽

1 연결 모형을 보고 덧셈을 해 보세요.

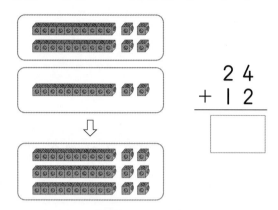

$$\begin{array}{r} 2\ 4 \\ +\ 1\ 2 \\ \hline \end{array}$$

2 그림을 보고 뺄셈을 해 보세요.

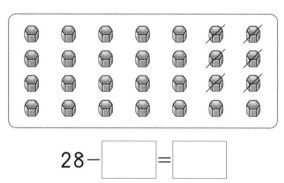

$28 -$ ☐ $=$ ☐

[3~4] 계산해 보세요.

3 73 + 5 = ☐

4 55 − 14 = ☐

5 빈칸에 알맞은 수를 써넣으세요.

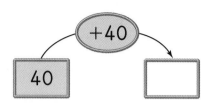

6 잘못 계산한 것에 ×표 하세요.

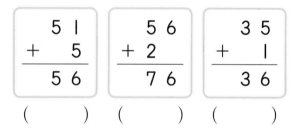

$$\begin{array}{r} 5\ 1 \\ +\ \ \ 5 \\ \hline 5\ 6 \end{array}$$ $$\begin{array}{r} 5\ 6 \\ +\ \ \ 2 \\ \hline 7\ 6 \end{array}$$ $$\begin{array}{r} 3\ 5 \\ +\ \ \ 1 \\ \hline 3\ 6 \end{array}$$

(   )   (   )   (   )

7 합과 차가 같은 것끼리 선으로 이어 보세요.

50+10	·	·	69−3
23+43	·	·	90−30

8 빈칸에 알맞은 수를 써넣으세요.

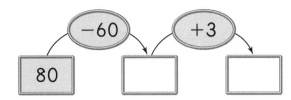

9 계산 결과가 가장 큰 것을 찾아 기호를 써 보세요.

⊙ 22+34　　ⓛ 40+13
ⓒ 17+40　　ⓔ 31+21

(　　　　　　　　)

10 46 과 13 을 사용하여 덧셈식과 뺄셈식을 만들어 보세요.

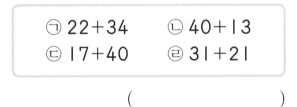

[11~13] 학급문고에 꽂혀 있는 책을 보고 물음에 답하세요.

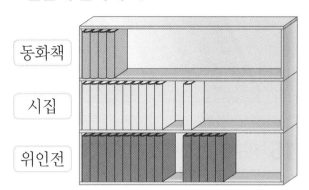

11 동화책과 시집은 모두 몇 권일까요?

12 위인전과 시집은 모두 몇 권일까요?

13 위인전은 동화책보다 몇 권 더 많을까요?

14 가장 큰 수와 가장 작은 수의 합과 차를 각각 구하세요.

합 (　　　　　　　　)
차 (　　　　　　　　)

[15~16] 그림을 보고 물음에 답하세요.

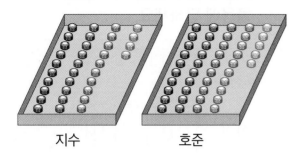

지수   호준

15 지수와 호준이가 가지고 있는 공깃돌은 모두 몇 개일까요?

(   )

16 호준이가 가지고 있는 공깃돌은 지수보다 몇 개 더 많을까요?

(   )

17 감자를 은지는 20개, 주호는 5개 캤습니다. 두 사람이 캔 감자는 모두 몇 개일까요?

(   )

18 단풍잎이 어제는 26개, 오늘은 31개가 떨어졌습니다. 어제와 오늘 떨어진 단풍잎은 모두 몇 개일까요?

(   )

19 0부터 9까지의 수 중에서 ☐ 안에 들어갈 수 있는 수는 모두 몇 개일까요?

$$57-4>5\square$$

(   )

서술형

20 꽃밭에 장미 21송이가 있고, 튤립은 장미보다 3송이 더 많이 있습니다. 꽃밭에 있는 장미와 튤립은 모두 몇 송이인지 풀이 과정을 쓰고 답을 구하세요.

풀이

답 _____

[1~2] 계산해 보세요.

1
```
    6 4
 +    4
```

2
```
    8 0
 -  2 0
```

3 빈칸에 알맞은 수를 써넣으세요.

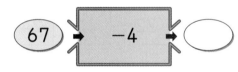

67 ➡ −4 ➡ ◯

4 두 수의 합을 구하세요.

62   25

(   )

5 다솜이는 현준이보다 구슬을 몇 개 더 많이 가지고 있을까요?

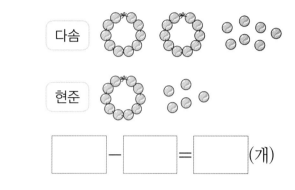

다솜

현준

☐ − ☐ = ☐ (개)

6 다음 중 계산한 값이 <u>다른</u> 하나는 어느 것일까요? ·················· (   )

① 70−20   ② 30+20
③ 90−40   ④ 80−50
⑤ 40+10

7 계산 결과가 큰 것부터 차례대로 기호를 써 보세요.

㉠ 4+30 ㉡ 40+3 ㉢ 30+40

(   )

[8~10] 마트에 있는 음료의 수를 나타낸 것입니다. 물음에 답하세요.

요구르트	31병	포도 주스	10병
사과 주스	24병	딸기 주스	47병

8 요구르트와 포도 주스는 모두 몇 병일까요?

$$31 + \boxed{} = \boxed{} \text{(병)}$$

9 사과 주스는 포도 주스보다 몇 병 더 많을까요?

$$\boxed{} - \boxed{} = \boxed{} \text{(병)}$$

10 딸기 주스는 사과 주스보다 몇 병 더 많을까요?

$$\boxed{} - \boxed{} = \boxed{} \text{(병)}$$

11 가장 큰 수와 가장 작은 수의 차를 구하세요.

72	4	7	85

(   )

12 같은 모양에 적힌 수의 차를 각각 구하세요.

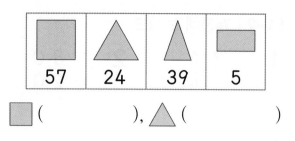

57	24	39	5

■ (   ), ▲ (   )

13 규칙에 따라 빈칸을 채우려고 합니다. ㉡−㉠의 값을 구하세요.

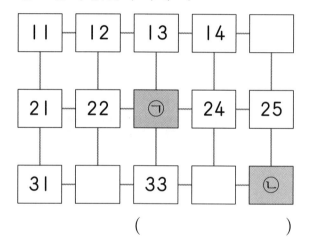

(   )

14 계산 결과를 찾아 선으로 이어 보세요.

49−4	·	·	41
68−27	·	·	22
35−13	·	·	45

15 식을 보고 그림이 나타내는 수를 구하세요.

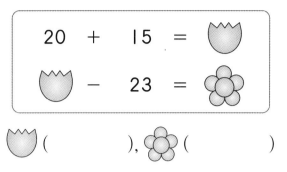

$$20 + 15 = \text{🌷}$$
$$\text{🌷} - 23 = \text{🌼}$$

🌷 (   ), 🌼 (   )

16 다음은 지민이가 쓴 일기입니다. 일기를 보고 지민이와 민재가 캔 고구마는 모두 몇 개인지 구하세요.

○월 ○일 ○요일 날씨: ☀

제목: 고구마 캐기

민재와 고구마를 캐러 할머니 댁에 갔다.
나는 고구마를 21개, 민재는 35개를 캤다.
고구마를 캐는 것도 재미있었고 할머니를 봬서
좋았다.

(   )

서술형
17 달걀이 10개씩 묶음 5개와 낱개 7개가 있습니다. 그중에서 14개를 먹었다면 남아 있는 달걀은 몇 개인지 풀이 과정을 쓰고 답을 구하세요.

풀이

답 _____

18 합이 87이 되는 두 수에 ○표 하세요.

| 33 | 25 | 54 | 61 |

19 현지네 반 남자 어린이는 24명이고 여자 어린이는 남자 어린이보다 10명 더 적습니다. 현지네 반 어린이는 모두 몇 명일까요?

(   )

서술형
20 다음 4장의 수 카드 중 2장을 뽑아 가장 큰 두 자리 수와 가장 작은 두 자리 수를 만들었습니다. 두 수의 차는 얼마인지 풀이 과정을 쓰고 답을 구하세요.

| 3 | 4 | 5 | 1 |

풀이

답 _____

6 단원

1 구슬을 현재는 28개 가지고 있고, 나래는 현재보다 4개 더 적게 가지고 있습니다. 나래가 가진 구슬은 몇 개인지 구하세요.

❶ ☐ 안에 알맞은 수를 써넣으세요.

$$28-4=\boxed{}$$

❷ 나래가 가진 구슬은 몇 개일까요?

(   )

2 운동장에 여자 어린이가 33명, 남자 어린이가 42명 있습니다. 운동장에 있는 어린이는 모두 몇 명인지 구하세요.

❶ ☐ 안에 알맞은 수를 써넣으세요.

$$33+42=\boxed{}$$

❷ 운동장에 있는 어린이는 모두 몇 명일까요?

(   )

3 가장 큰 수와 가장 작은 수의 차는 얼마인지 구하세요.

| 50 | 34 | 58 |

❶ 가장 큰 수는 얼마일까요?

(   )

❷ 가장 작은 수는 얼마일까요?

(   )

❸ 가장 큰 수와 가장 작은 수의 차는 얼마일까요?

(   )

4 초콜릿을 재영이는 13개 가지고 있고, 지혜는 재영이보다 12개 더 많이 가지고 있습니다. 재영이와 지혜가 가지고 있는 초콜릿은 모두 몇 개인지 구하세요.

❶ 지혜가 가진 초콜릿은 모두 몇 개일까요?

$13 + \boxed{} = \boxed{}$ (개)

❷ 재영이와 지혜가 가진 초콜릿은 모두 몇 개일까요?

(   )

1 민재는 연필을 10자루씩 묶음 5개와 낱개 7자루를 가지고 있었습니다. 이 중에서 35자루를 동생에게 주었다면 남은 연필은 몇 자루인지 풀이 과정을 쓰고 답을 구하세요.

> 풀이

답 _____

> 어떻게 풀까요?
>
> 처음 민재가 가지고 있던 연필의 수에서 동생에게 준 연필의 수를 빼는 뺄셈식을 세워 답을 구합니다.

2 칭찬 쿠폰을 56장 모으면 칭찬왕이 될 수 있습니다. 예나가 칭찬 쿠폰을 10장씩 묶음 5개와 낱장 2장을 모았을 때 몇 장을 더 모으면 칭찬왕이 될 수 있는지 풀이 과정을 쓰고 답을 구하세요.

> 풀이

답 _____

> 어떻게 풀까요?
>
> 먼저 예나가 모은 칭찬 쿠폰의 수를 구합니다.

3 꽃밭에 무궁화가 48송이 있고, 백합은 무궁화보다 27송이 더 적습니다. 꽃밭에 있는 무궁화와 백합은 모두 몇 송이인지 풀이 과정을 쓰고 답을 구하세요.

풀이

답 _____

✏ **어떻게 풀까요?**

먼저 백합의 수를 구합니다.

6 단원

4 코끼리 열차에 46명이 타고 있었습니다. 첫 번째 승강장에서 4명이 내리고, 두 번째 승강장에서 21명이 내렸습니다. 지금 코끼리 열차에 타고 있는 사람은 몇 명인지 풀이 과정을 쓰고 답을 구하세요.

풀이

답 _____

✏ **어떻게 풀까요?**

첫 번째 승강장에서 내리고 남은 사람 수를 구한 후 두 번째 승강장에서 내리고 남은 사람 수를 구합니다.

1 두 수의 합과 차를 각각 구하세요.

> 22　57

합 (　　　　　　)

차 (　　　　　　)

2 빈칸에 두 수의 차를 써넣으세요.

25	67

3 가장 큰 수와 가장 작은 수의 차를 구하세요.

> 4　88　13

(　　　　　　)

4 문구점에 볼펜이 32자루 있고, 색연필은 볼펜보다 3자루 더 많이 있습니다. 문구점에 있는 볼펜과 색연필은 모두 몇 자루일까요?

(　　　　　　)

5 계산 결과의 크기를 비교하여 ○ 안에 >, =, <를 알맞게 써넣으세요.

$$37-21 \bigcirc 19-3$$

배움으로 행복한 내일을 꿈꾸는
천재교육 커뮤니티 안내

...

교재 안내부터 구매까지 한 번에!
천재교육 홈페이지

자사가 발행하는 참고서, 교과서에 대한 소개는 물론
도서 구매도 할 수 있습니다. 회원에게 지급되는 별을 모아
다양한 상품 응모에도 도전해 보세요!

다양한 교육 꿀팁에 깜짝 이벤트는 덤!
천재교육 인스타그램

천재교육의 새롭고 중요한 소식을 가장 먼저 접하고 싶다면?
천재교육 인스타그램 팔로우가 필수!
깜짝 이벤트도 수시로 진행되니 놓치지 마세요!

수업이 편리해지는
천재교육 ACA 사이트

오직 선생님만을 위한, 천재교육 모든 교재에 대한 정보가 담긴
아카 사이트에서는 다양한 수업자료 및 부가 자료는 물론
시험 출제에 필요한 문제도 다운로드하실 수 있습니다.

https://aca.chunjae.co.kr

천재교육을 사랑하는 샘들의 모임
천사샘

학원 강사, 공부방 선생님이시라면 누구나 가입할 수 있는 천사샘!
교재 개발 및 평가를 통해 교재 검토진으로 참여할 수 있는 기회는 물론
다양한 교사용 교재 증정 이벤트가 선생님을 기다립니다.

아이와 함께 성장하는 학부모들의 모임공간
튠맘 학습연구소

튠맘 학습연구소는 초·중등 학부모를 대상으로 다양한 이벤트와 함께
교재 리뷰 및 학습 정보를 제공하는 네이버 카페입니다.
초등학생, 중학생 자녀를 둔 학부모님이라면 튠맘 학습연구소로 오세요!

수학

단원평가

수학
단원평가

정답 및 풀이

학교 수행평가 완벽 대비

1·2

천재교육

수학

단원평가

100까지의 수

3쪽 **쪽지시험 1회** 풀이는 12쪽에

1 8, 80　**2** 60　**3** 칠십, 일흔　**4** 66

5 (예)

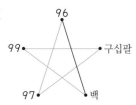

6 5, 2　**7** 52개　**8**
（선 연결 그림）

9 89　**10** 구십일, 아흔하나

4쪽 **쪽지시험 2회** 풀이는 12쪽에

1 73, 75　**2** 86, 88　**3** 62, 64

4 100　**5** 백　**6** 큽니다에 ○표

7 85에 ○표　**8** 짝수에 ○표　**9** <　**10** 홀수

5~7쪽 **단원평가 1회** 풀이는 12쪽에

1 6, 60　**2** 9

3 (왼쪽부터) 7, 67　**4** 7

5 73　**6** 구십사, 아흔넷

7 58, 60　**8** 80, 81, 83

9 100　**10** （선 연결 그림）

11 68, 70

12
96
99　　구십팔
97　　백

13 84

14 3, 홀수에 ○표

15 56 ; 56, 61

16 >　**17** <　**18** （선 연결 그림）

19 70개　**20** 59개

8~10쪽 **단원평가 2회** 풀이는 13쪽에

1 70　**2** 6, 4, 64　**3** 7, 8　**4** 79, 80

5 (위부터) 아흔, 팔십오　**6** 100

7 （선 연결 그림）　**8**

57　63
58　62
59　61
60

9 작습니다에 ○표

10 짝수

11 86, 88　**12** 71에 ○표

13 81에 ○표　**14** 53 ; 오십삼, 쉰셋

15 13에 색칠　**16** >　**17** 79

18 81에 ○표, 76에 △표　**19** 57개　**20** 9

11~13쪽 **단원평가 3회** 풀이는 13~14쪽에

1 70　**2** 92

3 7, 9　**4** 여든에 색칠

5 （선 연결 그림）　**6** （구슬 묶음 그림）　**7** 64, 66

8 (○)　**9** 홀수에 ○표　**10** ②
　( )　**11** <

12 (위부터) 51, 54 ; 55, 56, 57 ; 63, 64

13 87, 90에 ○표　**14** 육십구, 예순아홉

15 ㉢　**16** 80송이　**17** 3개

18 4명　**19** 0, 1, 2, 3

20 (예) 가장 큰 두 자리 수를 만들려면 큰 수부터 차
　 례대로 써야 합니다. 7, 3, 8의 크기를 비교
　 하면 8>7>3이므로 만들 수 있는 가장 큰
　 두 자리 수는 87입니다. ; 87

14~16쪽 **단원평가 4회** 풀이는 14~15쪽에

1 8, 80　**2** 7, 6, 76

3 （선 연결 그림）　**4** 팔십구, 여든아홉

5 100, 백

6 63개　**7** 94, 96, 99, 100

8 83에 ○표　**9** 홀수에 ○표

10 77에 ○표, 75에 △표

11 65, 73 ; 73에 ○표　　**12** 76, 77

13 큽니다에 ○표 ; >　　**14** 50, 74, 79, 86

15 20, 4, 16에 색칠　　**16** ㉡

17 6개　　**18** 혜미　　**19** 65개

20 예 낱개의 수를 비교하면 7>5이므로 □ 안에

들어갈 수 있는 수는 7보다 작은 1, 2, 3, 4,

5, 6입니다.

⇨ □ 안에 들어갈 수 있는 가장 큰 수는 6입

니다. ; 6

17~19쪽 　**단원평가** 5회　　풀이는 15쪽에

1 9, 90　　**2** 72　　**3** 오십칠, 쉰일곱

4 (수의 순서대로) 76, 77, 78, 81, 83

5 58에 ○표　　**6** ①

7 <　　**8** 100개

9

△	②	③	④	⑤
⑥	⑦	⑧	⑨	⑩

10 지원

11 6개

12 ㉡, ㉢, ㉠

13 2개　　**14** 35　　**15** 지민　　**16** 4명

17 예 사과 9상자 중에서 2상자를 팔았으므로

9-2=7(상자)가 남았습니다.

⇨ 남아 있는 사과는 10개씩 7상자이므로

70개입니다. ; 70개

18 61　　**19** 64개

20 예 만들 수 있는 두 자리 수는 34, 36, 38, 43,

46, 48, 63, 64, 68, 83, 84, 86입니다.

이 중에서 36보다 크고 68보다 작은 수는

38, 43, 46, 48, 63, 64이므로 모두 6개

입니다. ; 6개

20~21쪽 　**서술형 평가** ❶　　풀이는 16쪽에

1 ❶ 74　　❷ 칠십사, 일흔넷

2 ❶ 78개　　❷ 79　　❸ 79개

3 ❶ 80　　❷ 서우

4 ❶ 95　　❷ 100　　❸ 96, 97, 98, 99

22~23쪽 　**서술형 평가** ❷　　풀이는 16쪽에

1 예 할머니의 나이는 예순일곱이므로 수로 나타내

면 67입니다. 67보다 1만큼 더 큰 수는 68입

니다.

⇨ 올해 할아버지의 나이는 68살입니다. ; 68살

2 예 83은 10개씩 묶음 8개와 낱개 3개입니다.

⇨ 초콜릿 83개를 한 봉지에 10개씩 담으면

8봉지까지 담고 3개가 남습니다.

; 8봉지, 3개

3 예 가장 큰 두 자리 수를 만들려면 큰 수부터 차례

대로 써야 합니다. 5, 4, 9의 크기를 비교하면

9>5>4이므로 만들 수 있는 가장 큰 두 자

리 수는 95입니다. ; 95

4 예 7♥는 76보다 큰 수이므로 7♥가 될 수 있는

수는 77, 78, 79입니다.

⇨ ♥에 들어갈 수 있는 수는 7, 8, 9이고,

이 중 가장 작은 수는 7입니다. ; 7

24쪽 　**오답 베스트 5**　　풀이는 16쪽에

1 ③　　**2** 3개　　**3** 77

4 32, 34, 36　　**5** 5개

2단원 **덧셈과 뺄셈 (1)**

28쪽 　**쪽지시험** 1회　　풀이는 16쪽에

1 예

○	○	○	○	○
○	○	○		

2 (계산 순서대로) 5, 5, 8

3 (계산 순서대로) 8, 8

4 (계산 순서대로) 7, 9, 9　　**5** 6

6 예

○	○	⊘	⊘	⊘
○	○	⊘	⊘	

7 (계산 순서대로) 6, 6, 4

8 (계산 순서대로) 4, 4

9 (계산 순서대로) 6, 4, 4　　**10** 3

29쪽 쪽지시험 2회   풀이는 16쪽에

1 7   **2** 5   **3** 4

4  ; 6   **5** □□□□□ ; 3

6 2   **7** 6   **8** 9   **9** 5   **10** 7

30쪽 쪽지시험 3회   풀이는 17쪽에

1 ⑩ □□□□□ □□□□□

2 앞의에 ○표   **3** (계산 순서대로) 15, 15

4 (계산 순서대로) 18, 18

5 (계산 순서대로) 10, 14, 14   **6** 뒤의에 ○표

7 (계산 순서대로) 10, 15, 15

8 (계산 순서대로) 10, 16, 16

9 (계산 순서대로) 10, 13, 13   **10** 14

31~33쪽 단원평가 1회   풀이는 17쪽에

1 10, 10 **2** 10, 10 **3** 10   **4** 8

5 8   **6** 6   **7** 4   **8** 1

9 2   **10** 10   **11** 8−1−1에 ○표

12 ⑩ □□□□□ ; 4 **13** (계산 순서대로) 5, 1, 1

14 ④   **15** (계산 순서대로) 10, 14, 14

16 (계산 순서대로) 10, 15, 15 **17** 2, 3 (또는 3, 2)

18

8+2	4+5	7+3
2+9	5+5	6+4

19 1개

20 (그림)

34~36쪽 단원평가 2회   풀이는 18쪽에

1 10   **2** 10   **3** 10, 10

4 같습니다에 ○표   **5** ⑩ □□□□□ ; 9

6 3   **7** 5

8 8   **9** 2   **10** 2   **11** 7

12 (계산 순서대로) 4, 2, 2 **13** 9, 1 **14** 15

15 17   **16** (그림)   **17** 18

18 2, 3 (또는 3, 2) **19** 1개   **20** 15

37~39쪽 단원평가 3회   풀이는 18~19쪽에

1 7   **2** 6   **3** 3

4 2   **5** (계산 순서대로) 7, 9, 9

6 (계산 순서대로) 7, 4, 4   **7** 10, 10

8 9, 8   **9** ⑩ □□□□□ □□□□□

10 18   **11** 1   **12** 17

13 (그림)   **14** 2, 1, 7 (또는 1, 2, 7)

15 ③   **16** ㉠   **17** 19명

18 (그림)   **19** 4+6 +5 ; 15

20 ⑩ 8조각 중에서 3조각, 2조각을 뺀 나머지는
8−3−2=3(조각)입니다. 따라서 두 사람이
먹고 남은 피자는 3조각입니다. ; 3조각

40~42쪽 단원평가 4회   풀이는 19쪽에

1 2   **2** 1   **3** 10   **4** (계산 순서대로) 6, 6, 2

5 ㉡   **6** 16   **7** 4 ; 4

8 (그림)   **9** 3+1+4에 ○표

                10 7   **11** 2

                12 2, 8 (또는 8, 2)

                13 14

14 ④   **15** 9송이   **16** 4, 6, 15 (또는 6, 4, 15)

17 ㉢, ㉡, ㉢, ㉠   **18** (그림)

19 ⑩ 2+3+2=7 ; 7개

20 ⑩ 희주가 먹은 딸기는 4개, 보나가 먹은 딸기도
4개입니다. 따라서 두 사람이 먹고 남은 딸기
는 9−4−4=1(개)입니다. ; 1개

43~45쪽 단원평가 5회   풀이는 20쪽에

1 10, 10   **2** 8   **3** 7

4 (○) (   )   **5** (계산 순서대로) 10, 17, 17

6 (계산 순서대로) 5, 2, 2   **7** 10쪽

8 17   **9** (위부터) 7, 18 ; 18

10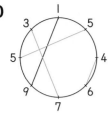

11 12개

12 7층

13 ㉠

14 (선 연결 그림)

15 예림   **16** 2, 8, 6에 ○표

17 ⓔ 세 수의 뺄셈은 앞에서부터 차례대로 계산해
야 되는데 뒤의 두 수를 먼저 계산하여 잘못
되었습니다. 바르게 계산하면 8-3-1=4
입니다. ; 4

18 현수   **19** ⓔ 3+2+3=8 ; 8번

20 ⓔ 창호의 나이는 4+5=9(살)이고, 미라의 나이
는 9+1=10(살)입니다. 따라서 미라는 보나
보다 10-4=6(살) 더 많습니다. ; 6살

46~47쪽 서술형 평가 ❶   풀이는 20쪽에

1 ❶ 10   ❷ 10장   **2** ❶ 7   ❷ 7개

3 ❶ 8   ❷ 8   ❸ 0

4 ❶ 10권   ❷ 15권   ❸ 15권

48~49쪽 서술형 평가 ❷   풀이는 21쪽에

1 ⓔ 10-5=5이므로 치킨 10조각 중에서 은빈이
가 먹을 수 있는 치킨은 5조각입니다 ; 5조각

2 ⓔ 세 수 중에서 뒤의 두 수를 더하면 10이고, 남은
수 하나를 더 더하면 9+10=19입니다. 따라
서 세 수의 합은 9+7+3=19입니다. ; 19

3 ⓔ 7명 중에서 집에 가고 남은 친구는
7-1=6(명)입니다. 그중에서 학원에 간 3명
을 빼면 6-3=3(명)입니다. 따라서 도서관에
남아 있는 친구는 3명입니다. ; 3명

4 ⓔ 지우는 2층보다 3층 더 올라가서 내렸으므로
2+3=5(층)에서 내렸습니다. 민아는 지우가
내린 다음 2층 더 올라가서 내렸으므로
5+2=7(층)에서 내렸습니다. ; 7층

50쪽 오답 베스트 5   풀이는 21쪽에

1 2, 10   **2** (1) 3   (2) 8

3 (계산 순서대로) 10, 19, 19

4 ( )(○)   **5** <

3단원 모양과 시각

54쪽 쪽지시험 1회   풀이는 21쪽에

1 ( )( )(○)   **2** ( )( )(○)

3 (○)( )( )   **4** (○)( )( )

5 ( )( )(○)   **6** ㉢, ㉣

7 ㉡, ㉢   **8** ㉠, ㉤

9 ( )(×)( )   **10** ( )(×)( )

55쪽 쪽지시험 2회   풀이는 21쪽에

1 (○)( )( )   **2** ( )( )(○)

3 ( )(○)( )   **4** ㉡   **5** ㉢

6 7개   **7** 12개   **8** 3개

9 9개, 2개, 2개   **10** ▧에 ○표

56쪽 쪽지시험 3회   풀이는 22쪽에

1 2   **2** 11   **3** 5, 30

4 11, 30   **5** 12   **6** 7, 7

7 8 ; 8, 30   **8** 6

9 (시계 그림)   **10**

57~59쪽 단원평가 1회   풀이는 22쪽에

1 (○)( )( )   **2** (○)( )( )

3 ( )(○)( )   **4** 5

5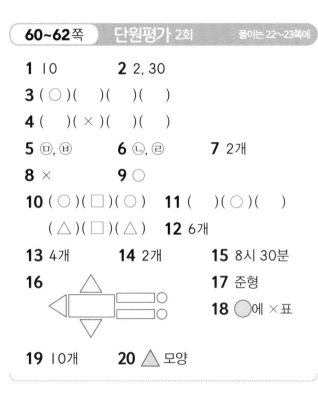

6 ㉢, ㉱

7 ㉠, ㉲

8 2개 **9**   **10** 12, 8

11 6, 4, 30 **12** ( )(○)

13 ▢에 ○표 **14** (○)( )

15 △, ◯에 ○표 **16** 4개

17 △ 모양 **18** 3개

19 4개, 6개, 2개 **20** △ 모양

60~62쪽 단원평가 2회 풀이는 22~23쪽에

1 10 **2** 2, 30

3 (○)( )( )( )

4 ( )(×)( )( )

5 ㉱, ㉲ **6** ㉡, ㉣ **7** 2개

8 × **9** ◯

10 (○)(▢)(○) **11** ( )(○)( )

(△)(▢)(△) **12** 6개

13 4개 **14** 2개 **15** 8시 30분

16 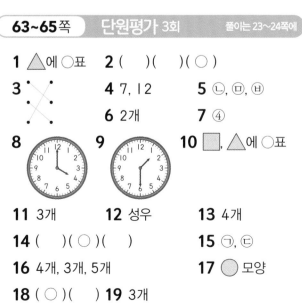 **17** 준형

18 ◯에 ×표

19 10개 **20** △ 모양

63~65쪽 단원평가 3회 풀이는 23~24쪽에

1 △에 ○표 **2** ( )( )(○)

3   **4** 7, 12 **5** ㉡, ㉱, ㉲

6 2개 **7** ④

8 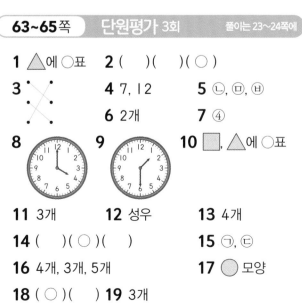 **9** 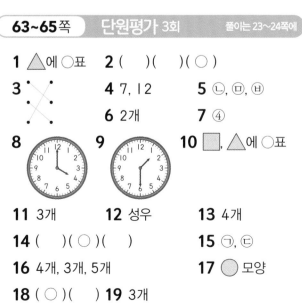 **10** ▢, △에 ○표

11 3개 **12** 성우 **13** 4개

14 ( )(○)( ) **15** ㉠, ㉢

16 4개, 3개, 5개 **17** ◯ 모양

18 (○)( ) **19** 3개

20 예 ▢ 모양: 8개, △ 모양: 3개, ◯ 모양: 1개
가장 많이 사용된 모양은 ▢ 모양으로 8개
이고, 가장 적게 사용된 모양은 ◯ 모양으로
1개입니다. 따라서 가장 많이 사용된 모양은
가장 적게 사용된 모양보다 8−1=7(개) 더
많습니다. ; 7개

66~68쪽 단원평가 4회 풀이는 24쪽에

1 6, 12, 6 **2**  **3** (▢)(○)(▢)

(△)(○)(△)

4 4, 6 **5** ㉠, ㉢ **6** ㉣, ㉲

7  **8** ▢에 ×표 **9** ③

10 ㉠ **11** (○)( )( )(○)

12 9개 **13** 5개, 3개, 3개 **14** ㉡, ㉢

15 ▢, △에 ○표 **16** 3개 **17** ㉡

18 ( )(○) **19** 예 꽃

20 예 ▢ 모양 2개, △ 모양 4개, ◯ 모양 7개를
사용하여 만든 모양입니다. 따라서 가장 많이
사용한 모양은 ◯ 모양이고, 7개입니다.

; ◯ 모양, 7개

69~71쪽 단원평가 5회 풀이는 25쪽에

1  **2** ▢에 ○표 **3**

4 ㉡ **5** ( )(×)( )

6 4개 **7** ㉣, ㉲ **8** 2개

9  **10**  **11** 민재

12 12 **13** ( )(○)( )

14 3개, 8개, 4개 **15** ◯ 모양

16 ( )(○)

17 예 ▢ 모양은 뾰족한 부분이 있고, ◯ 모양은
뾰족한 부분이 없습니다.

18 6시 30분　**19** 아버지

20 예 ☐ 모양 9개, △ 모양 6개, ◯ 모양 3개를
사용하여 만든 모양입니다.
가장 많이 사용한 모양은 ☐ 모양으로 9개
이고, 가장 적게 사용한 모양은 ◯ 모양으로
3개입니다. ⇨ 9−3=6(개) ; 6개

72~73쪽　**서술형 평가 ❶**　풀이는 25쪽에

1 ❶ ◯ 모양　**❷** 거울

2 ❶ 3　**❷** 12　**❸**

3 ❶ 7개　**❷** 9개　**❸** 수현

4 ❶ 4시 30분　**❷** 5시　**❸** 윤주

74~75쪽　**서술형 평가 ❷**　풀이는 26쪽에

1 예 짧은바늘이 8과 9의 가운데, 긴
바늘이 6을 가리키도록 그립니다.

2 예 민기가 사용한 ◯ 모양을 세어 보면 7개입니다.
소정이가 사용한 ◯ 모양을 세어 보면 8개입
니다. 7<8이므로 소정이가 ◯ 모양을 더 많
이 사용했습니다. ; 소정

3 예 현아가 놀이터에 도착한 시각은 6시 30분이고 지
우가 놀이터에 도착한 시각은 6시입니다. 따라서
놀이터에 먼저 도착한 사람은 지우입니다. ; 지우

4 예 모양을 만드는 데 사용한 ☐ 모양은 9개,
△ 모양은 5개, ◯ 모양은 3개입니다.
따라서 가장 많이 사용한 모양은 ☐ 모양이고
가장 적게 사용한 모양은 ◯ 모양이므로 두 모
양의 개수의 차는 9−3=6(개)입니다. ; 6개

76쪽　**오답 베스트 5**　풀이는 26쪽에

1 ◯ 모양　**2** ( )( )(◯)

3 2, 30, 5　**4** 5개, 1개, 1개　**5** 6개

4단원 덧셈과 뺄셈 (2)

79쪽　**쪽지시험 1회**　풀이는 26쪽에

1 11, 11　　**2** 15　　**3** (위부터) 14, 2

4 12　　**5** (위부터) 17, 3, 4

6 (위부터) 16, 6　　**7** (위부터) 16, 6

8 13, 14　　**9** 12, 11　　**10** 12, 12

80쪽　**쪽지시험 2회**　풀이는 26쪽에

1 7, 7　　**2** 모자에 ◯표, 5　　**3** (위부터) 8, 2

4 8　　**5** (위부터) 8, 6　　**6** 9　　**7** 5

8 5, 4　　**9** 7, 8　　**10** 14−9에 ◯표

81~83쪽　**단원평가 1회**　풀이는 27쪽에

1 12　　**2** 11　　**3** 9　　**4** (위부터) 8, 2

5 (위부터) 9, 4　　**6** (위부터) 5, 5

7 (위부터) 15, 5　　**8** (위부터) 15, 4

9 15　　**10** 12　　**11** 8　　**12** ✕(선 연결)

13 11　　**14** 6, 7, 8　　**15** 17

16 ( )(◯)　**17** 3, 4, 5　　**18** ✕(선 연결)

19 6, 6, 12　　**20** 9개

84~86쪽　**단원평가 2회**　풀이는 27쪽에

1 13, 13　　**2** 12　　**3** (위부터) 14, 4

4 (위부터) 9, 1　**5** 9　　**6** 15

7 (위부터) 12, 2　　**8** (위부터) 16, 2, 4

9 (위부터) 3, 7　**10** 11　　**11** 8

12 11, 11　　**13** 13−7에 ◯표　**14** 4, 4

15 12, 13, 14　**16** ( )(◯)　　**17** 6, 7, 9

18 ✕(선 연결)　　**19** 15명

20 14−9=5 ; 5마리

1 12   **2** 6   **3** 12

4 (위부터) 12, 4   **5** (위부터) 14, 1

6 예  ; 6

7 16   **8** 9   **9** ③

10 13, 14 ; 1   **11** 14   **12** 5, 8

13   **14** ( )(△)( )

                   15 ③   **16** 15개

17 12-4, 14-7에 ○표

18 9, 8, 17 (또는 8, 9, 17)

19   **20** 16-9=7 ; 7대

1 13   **2** (위부터) 6, 4

3 (위부터) 7, 4   **4** (위부터) 15, 3

5 (위부터) 14, 1   **6** 11   **7** 8

8 ③   **9** 9에 ○표   **10** ㉢

11   **12** ④   **13**

14 15, 9

15 15-8=7 ; 15-7=8

16 14, 8

17 예 공책은 7권, 책은 5권이므로 가방 안에 있는

      공책과 책은 모두 7+5=12(권)입니다.

    ; 12권

18 ㉢, ㉡, ㉠, ㉣   **19** 3개

20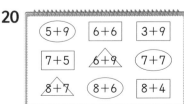

1 (위부터) 16, 6   **2** (위부터) 5, 5

3 9   **4** 13

5 17-8에 ○표   **6** (위부터) 17, 7, 1

7 14   **8** ( )(△)

9 수영   **10** 9, 5

11 16-9=7 ; 16-7=9

12 2개   **13** 7개

14 7   **15** 3, 9에 ○표

16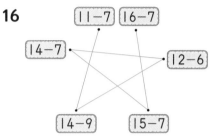

17 (위부터) 13, 14 ; 6, 7, 8

18 17   **19** 9

20 예 현우가 먹은 초콜릿은 7+2=9(개)입니다.

      따라서 두 사람이 먹은 초콜릿은 모두

      7+9=16(개)입니다.

    ; 16개

1 ❶ (위부터) 12, 2   ❷ 12개

2 ❶ (위부터) 5, 5   ❷ 5자루

3 ❶ 14   ❷ 13   ❸ 세희

4 ❶ 13   ❷ 4   ❸ 9

1 예 사탕을 더 놓았으므로 덧셈식으로 나타냅니다.

$$8+5=13$$

           2   3

     사탕은 모두 13개입니다.

    ; 13개

2 예 큰 수부터 차례대로 쓰면 9, 8, 7, 5입니다.

가장 큰 수: 9, 가장 작은 수: 5

⇨ (가장 큰 수)+(가장 작은 수)=9+5=14

; 14

3 예 은우의 수 카드에 적힌 두 수의 차는

12-4=8입니다.

창호의 수 카드에 적힌 두 수의 차는

16-9=7입니다.

따라서 8>7이므로 이긴 사람은 은우입니다.

; 은우

4 예 12-5=7이므로 ㉠은 7입니다.

15-7=8이므로 ㉡은 8입니다.

따라서 ㉠과 ㉡의 합은 7+8=15입니다.

; 15

100쪽 **오답 베스트 5** 풀이는 30쪽에

1 (위부터) 12, 2   **2** 8개

3 9개   **4** >   **5** 연우

5단원 규칙 찾기

104쪽 **쪽지시험 1회** 풀이는 31쪽에

1

2

3

4 ( )(○)   **5** ( )(○)   **6** ➡

7 2, 1   **8** ♥   **9** ◆

10 예

105쪽 **쪽지시험 2회** 풀이는 31쪽에

1
노랑	보라	노랑	보라	노랑	보라	노랑	보라
보라	노랑	보라	노랑	보라	노랑	보라	노랑

2
파랑	초록	초록	파랑	초록	초록	파랑	초록	초록
초록	초록	파랑	초록	초록	파랑	초록	초록	파랑

3 (위부터) ○, □ ; △

4 예

5 예

6 9   **7** 5   **8** 9   **9** 6   **10** 12

106쪽 **쪽지시험 3회** 풀이는 31~32쪽에

1 37, 39, 40   **2** 4씩에 ○표

3 10   **4** 80, 83, 86, 89, 92, 95, 98에 색칠

5 △, ▽   **6** □, ○, □

7 ×, ○, ×   **8** 0, 5, 0

9 2, 2, 1   **10** 3, 4, 3, 3

107~109쪽 **단원평가 1회** 풀이는 32쪽에

1

2 양말   **3** ◆

4
분홍	초록	분홍	초록	분홍	초록	분홍	초록
초록	분홍	초록	분홍	초록	분홍	초록	분홍

5 딸기, 참외

6 참외

7 1   **8** 50, 40   **9** 1   **10** 2   **11** ㉠

12

13 예

14 4, 4, 2   **15** 85, 88

16 29   **17** 37, 42, 47에 색칠

18 7   **19** 81   **20** 64, 65, 66

110~112쪽 **단원평가 2회** 풀이는 32~33쪽에

1 지우개   **2** ( )(○)

3 커집니다에 ○표   **4**

5 ◯ **6** 2 **7** 30

8 ◯, ◯ **9** l **10** 6

11 다 **12** ③ **13** ◯, △, △

14 (예)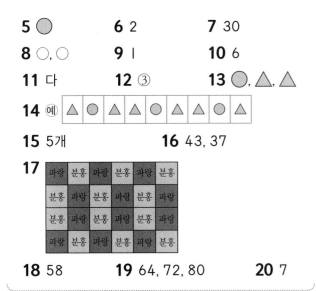

15 5개 **16** 43, 37

17

파랑	분홍	파랑	분홍	파랑	분홍
분홍	파랑	분홍	파랑	분홍	파랑
분홍	파랑	분홍	파랑	분홍	파랑
파랑	분홍	파랑	분홍	파랑	분홍

18 58 **19** 64, 72, 80 **20** 7

113~115쪽 단원평가 3회 풀이는 33쪽에

1 배, 배 **2** (◯)( ) **3** ㉠

4 △ **5** 유주

6

노랑	노랑	주황	노랑	노랑	주황	노랑	노랑	주황
주황	노랑	노랑	주황	노랑	노랑	주황	노랑	노랑

7 9, 4 **8** 40, 45

9 (예) 세발자전거 l대, 두발자전거 l대가 반복됩니다.

10 3, 2 **11** □, ◯ **12** ㉡

13

◯	□	□	◯	□	□
◯	□	□	◯	□	□
◯	□	□	◯	□	□

14 ♩♩♪♪ | ♩♩♪♪ | ♩♩♪♪ | ♩♩♪♪

15

31	35	39	43	47
32	36	40	44	48
33	37	41	45	49
34	38	42	46	50

16 5, 커집니다에 ◯표

17 4, 작아집니다에 ◯표

18

•	••	•••	•	••	•••	•	••
l	2	3	l	2	3	l	2

19 65 **20** 68

116~118쪽 단원평가 4회 풀이는 34쪽에

1 (◯)( ) **2** ■ **3** ☆ **4** 7, 9

5 ( ) **6** 3 **7** 40, 25
(◯) **8** ㉠ **9** 여자, 남자
( ) **10** ◯, ×, ◯

11

△	◯	◯	△	◯	◯	△	◯	◯
◯	△	◯	◯	△	◯	◯	△	◯
◯	△	◯	◯	△	◯	◯	△	◯
△	◯	◯	△	◯	◯	△	◯	◯

12 ♡ **13** 7, 7 **14** 58에 색칠

15 42, 32, 22, l2 **16** ④

17 (예) 빵, 빵, 우유, 우유가 반복됩니다.

18 74, 80 **19** 56 **20** 47, 53, 59

119~121쪽 단원평가 5회 풀이는 34~35쪽에

1 (◯)( ) **2** ☆ **3** 코끼리, 사자, 사자

4 9, 3 **5** 선호 **6** 흰색 **7** 39, 37, 35

8 (위부터) 3, 4, 8, 7 **9** (위부터) 7, 6, 2

10 ■ **11** ■, ◯

12

42		30		18	12

13	24	28	34	36

13 ②

14

◯	△	◯	△	◯	△	◯	△
◯	△	◯	△	◯	△	◯	△
◯	△	◯	△	◯	△	◯	△

15 (예) 빗자루와 쓰레받기가 반복되는 규칙이고 빗자루를 l, 쓰레받기를 2로 나타냈습니다. 따라서 l과 2가 반복되므로 빈칸에 알맞은 수는 2입니다. ; 2

16 (예) 4씩 커집니다.

17 l6, 28 **18** 23, 26, 29, 32 **19** ㉠, ㉢, ㉡

20 (예) 66부터 시작하여 → 방향으로 l씩 커지므로 66 - 67 - 68이고 ㉠은 68입니다. 49부터 시작하여 ↓방향으로 20씩 커지므로 49 - 69 - 89이고 ㉡은 89입니다. ; 68, 89

122~123쪽   서술형 평가 ❶   풀이는 35쪽에

1 ❶ 딸기, 배   ❷ 배

2 ❶ 5   ❷ 5   ❸ 23

3 ❶ 3   ❷ 43   ❸ 43에 색칠

4 ❶ 보, 보   ❷ 보, 가위   ❸ 7개

124~125쪽   서술형 평가 ❷   풀이는 35쪽에

1 예 연필, 연필, 지우개가 반복되므로 빈칸에 알맞은 물건은 연필입니다. ; 연필

2 예 32부터 시작하여 4씩 작아집니다. 빈칸에 알맞은 수는 20보다 4만큼 더 작은 수이므로 16입니다. ; 16

3 예 보, 바위, 바위가 반복됩니다.
따라서 ㉠은 바위, ㉡은 보이므로 펼친 손가락은 모두 0＋5＝5(개)입니다. ; 5개

4 예 색칠한 수는 5부터 시작하여 3씩 커집니다.
같은 규칙으로 40부터 3씩 커지도록 차례대로 쓰면 40, 43, 46, 49입니다.
따라서 ㉠에 알맞은 수는 49입니다. ; 49

126쪽   오답 베스트 5   풀이는 35쪽에

1 △, ○   **2** 빨간색   **3** 13, 21

4  ; 2   **5** 수진

6단원   덧셈과 뺄셈 (3)

130쪽   쪽지시험 1회   풀이는 36쪽에

1 24   **2** 45   **3** 69   **4** 17   **5** 60

6 58   **7** 28   **8** 70   **9** 90   **10** 77

131쪽   쪽지시험 2회   풀이는 36쪽에

1 21   **2** 30   **3** 16   **4** 21   **5** 20

6 13   **7** 23   **8** 30   **9** 22   **10** 32

132쪽   쪽지시험 3회   풀이는 36쪽에

1 5, 28   **2** 5, 37   **3** 32, 55   **4** 28, 29

5 17명   **6** 3, 12   **7** 3, 10   **8** 13, 2

9 46, 45   **10** 17마리

133~135쪽   단원평가 1회   풀이는 36~37쪽에

1 37   **2** 36   **3** 43   **4** 34

5 32   **6** 67   **7** 60   **8** 22

9 진호   **10** 70 ; 30   **11** ╳(선 잇기)

12 (○)(   )   **13** 26, 39 ; 39

14 13, 13 ; 13   **15** 27, 37, 47, 57

16 43, 33, 23, 13   **17** 12, 25, 33, 44

18 (   )   **19** 87
(   )   **20** 16명
(○)

136~138쪽   단원평가 2회   풀이는 37쪽에

1 36   **2** 24   **3** 70   **4** 50

5 57   **6** 63   **7** 63   **8** 13, 11

9 10   **10** ╳(선 잇기)   **11** 4

12 3, 29   **13** 12, 38   **14** 12, 22 ; 22

15 10, 44 ; 10, 24   **16** 33

17 57－13, 46－2에 색칠   **18** 59개

19 13개   **20** 25명

139~141쪽   단원평가 3회   풀이는 38쪽에

1 43   **2** 23   **3** 28

4 29   **5** 90   **6** 60

7 ╳(선 잇기)   **8** 12, 15   **9** 12, 38

10 3, 23   **11** 26, 12, 14

12 >   **13** 76, 89

14 (위부터) 82, 30, 52   **15** 40, 30, 70

16 찬우   **17** (위부터) 7 ; 2

18 31개   **19** 87 ; 64 ; 58

20 ⑩ 일흔다섯은 75이고 마흔은 40입니다.
75−40=35이므로 할머니는 아버지보다
35살 더 많습니다. ; 35살

142~144쪽 단원평가 4회 풀이는 38~39쪽에

1 36   **2** 6, 22   **3** 78
4 41   **5** 80
6 ( )(×)( )   **7** ✕
8 20, 23   **9** ㉢
10 13, 59 ; 13, 33   **11** 11, 15
12 15, 11, 26 (또는 11, 15, 26)
13 15, 4, 11   **14** 96 ; 56
15 79개   **16** 11개   **17** 25개
18 57개   **19** 3개
20 ⑩ 튤립은 장미보다 3송이 더 많이 있으므로
21+3=24(송이)입니다. 따라서 장미와 튤립
은 모두 21+24=45(송이)입니다.
; 45송이

145~147쪽 단원평가 5회 풀이는 39~40쪽에

1 68   **2** 60   **3** 63
4 87   **5** 27, 15, 12   **6** ④
7 ㉢, ㉡, ㉠   **8** 10, 41   **9** 24, 10, 14
10 47, 24, 23   **11** 81
12 52 ; 15   **13** 12   **14** ✕
15 35 ; 12   **16** 56개
17 ⑩ 10개씩 묶음 5개와 낱개 7개는 57입니다.
따라서 남아 있는 달걀은 57−14=43(개)
입니다. ; 43개
18 33, 54에 ○표   **19** 38명
20 ⑩ 5>4>3>1이므로 만들 수 있는 가장 큰 두
자리 수는 54이고, 가장 작은 두 자리 수는 13
입니다. 따라서 두 수의 차는 54−13=41
입니다. ; 41

148~149쪽 서술형 평가 ❶ 풀이는 40쪽에

1 ❶ 24   ❷ 24개
2 ❶ 75   ❷ 75명
3 ❶ 58   ❷ 34   ❸ 24
4 ❶ 12, 25   ❷ 38개

150~151쪽 서술형 평가 ❷ 풀이는 40쪽에

1 ⑩ 민재가 처음 가지고 있던 연필은 10자루씩 묶
음 5개와 낱개 7자루이므로 57자루입니다.
동생에게 35자루를 주면 57−35=22(자루)
가 남습니다.
따라서 남은 연필은 22자루입니다. ; 22자루
2 ⑩ 예나가 모은 칭찬 쿠폰은 10장씩 묶음 5개와
낱장 2장이므로 52장입니다.
56장이 되려면 56−52=4이므로 4장 더 모
아야 합니다. ; 4장
3 ⑩ 백합은 무궁화보다 27송이 더 적으므로
48−27=21(송이)입니다.
무궁화와 백합의 수를 더하면
48+21=69(송이)이므로 꽃밭에 있는 무궁화
와 백합은 모두 69송이입니다. ; 69송이
4 ⑩ 첫 번째 승강장에서 내리고 남은 사람은
46−4=42(명)입니다.
이 중 두 번째 승강장에서 21명이 더 내렸으
므로 지금 코끼리 열차에 타고 있는 사람은
42−21=21(명)입니다. ; 21명

152쪽 오답 베스트 5 풀이는 40쪽에

1 79 ; 35   **2** 42   **3** 84
4 67자루   **5** =

1단원 100까지의 수

1 8, 80 **2** 60 **3** 칠십, 일흔 **4** 66

5 (예)

6 5, 2 **7** 52개 **8**

9 89 **10** 구십일, 아흔하나

---

7 10개씩 묶음 5개와 낱개 2개이므로 별 모양은 모두 52개입니다.

8 65 ⇨ 육십오, 예순다섯
84 ⇨ 팔십사, 여든넷

1 73, 75 **2** 86, 88 **3** 62, 64

4 100 **5** 백 **6** 큽니다에 ○표

7 85에 ○표 **8** 짝수에 ○표 **9** <

10 홀수

---

3 • 63보다 1만큼 더 작은 수:
63 바로 앞의 수인 62
• 63보다 1만큼 더 큰 수:
63 바로 뒤의 수인 64

9 66은 10개씩 묶음의 수가 6이고, 72는 10개씩 묶음의 수가 7이므로 66은 72보다 작습니다.
⇨ 66<72

10 5는 둘씩 짝을 지을 때 하나가 남으므로 홀수입니다.

1 6, 60 **2** 9

3 (왼쪽부터) 7, 67 **4** 7

5 73 **6** 구십사, 아흔넷

7 58, 60 **8** 80, 81, 83

9 100 **10**

11 68, 70

12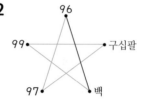

13 84

14 3, 홀수에 ○표

15 56 ; 56, 61 **16** > **17** <

18 **19** 70개 **20** 59개

---

10 54 ⇨ 오십사, 쉰넷
76 ⇨ 칠십육, 일흔여섯
81 ⇨ 팔십일, 여든하나

11 • 69보다 1만큼 더 작은 수:
69 바로 앞의 수인 68
• 69보다 1만큼 더 큰 수:
69 바로 뒤의 수인 70

12 96 − 97 − 98 − 99 − 100
             구십팔   백

13 83 − 84 − 85
⇨ 83과 85 사이의 수는 84입니다.

14 병아리를 세어 보면 3마리입니다.
3은 둘씩 짝을 지을 때 하나가 남으므로 홀수입니다.

15 10개씩 묶음의 수가 클수록 크므로 61은 56보다 큽니다.

16 73 > 59   **17** 80 < 84
     7>5   0<4

18 15는 홀수이고 8은 짝수입니다.

19 10개씩 묶음 7개는 70이므로 현준이가 가지고 있는 사탕은 모두 70개입니다.

20 10개씩 묶음 5개와 낱개 9개는 59이므로 곶감은 모두 59개입니다.

1 70

2 6, 4, 64

3 7, 8

4 79, 80

5 (위부터) 아흔, 팔십오

6 100

7

8

57 63
58 62
59 61
60

9 작습니다에 ○표

10 짝수

11 86, 88

12 71에 ○표

13 81에 ○표

14 53 ; 오십삼, 쉰셋

15 13에 색칠

16 >

17 79

18 81에 ○표, 76에 △표

19 57개

20 9

---

7 · 10개씩 묶음 5개와 낱개 6개
⇨ 56 (오십육, 쉰여섯)
· 10개씩 묶음 7개와 낱개 2개
⇨ 72 (칠십이, 일흔둘)
· 10개씩 묶음 8개와 낱개 1개
⇨ 81 (팔십일, 여든하나)

9 10개씩 묶음의 수가 클수록 크므로
54는 61보다 작습니다.

10 10은 둘씩 짝을 지을 때 남는 것이 없으므로 짝수
입니다.

11 · 87보다 1만큼 더 작은 수:
87 바로 앞의 수인 86
· 87보다 1만큼 더 큰 수:
87 바로 뒤의 수인 88

12 70보다 1만큼 더 큰 수는 70 바로 뒤의 수인 71
입니다.

13 10개씩 묶음의 수가 클수록 크므로
81은 69보다 큽니다.

14 별 모양은 10개씩 묶음 5개와 낱개 3개이므로
53입니다.
53은 오십삼 또는 쉰셋이라고 읽습니다.

15 24는 짝수이고 13은 홀수입니다.

16 66 > 58
└6>5┘

17 일흔아홉: 79, 여든둘: 82
79는 10개씩 묶음의 수가 7이고, 82는 10개씩
묶음의 수가 8이므로 79는 82보다 작습니다.

18 10개씩 묶음의 수를 비교하면 81이 가장 큽니다.
76과 78을 비교하면 76<78이므로 76이 가장
작습니다.

19 10개씩 묶음 5개와 낱개 7개는 57이므로 도넛
은 모두 57개입니다.

20 낱개의 수를 비교하면 6>2이므로 □ 안에는 9
가 들어갈 수 있습니다.

---

1 70

2 92

3 7, 9

4 여든에 색칠

5

6

7 64, 66

8 (○)
( )

9 홀수에 ○표

10 ②

11 <

12 (위부터) 51, 54 ; 55, 56, 57 ; 63, 64

13 87, 90에 ○표

14 육십구, 예순아홉

15 ㉢

16 80송이

17 3개

18 4명

19 0, 1, 2, 3

20 ⑩ 가장 큰 두 자리 수를 만들려면 큰 수부터 차
례대로 써야 합니다. 7, 3, 8의 크기를 비교
하면 8>7>3이므로 만들 수 있는 가장 큰
두 자리 수는 87입니다. ; 87

---

2 아흔둘
9 2 ⇨ 92

3 7 9
└─→ 낱개의 수
└──→ 10개씩 묶음의 수

정답 및 풀이

4 70은 칠십 또는 일흔이라고 읽습니다.
여든은 80입니다.

5 ・10개씩 묶음 5개와 낱개 5개
⇨ 55(오십오, 쉰다섯)
・10개씩 묶음 7개와 낱개 4개
⇨ 74(칠십사, 일흔넷)

6 10개씩 묶음 6개가 되도록 더 그려 넣습니다.

7 ・65보다 1만큼 더 작은 수:
65 바로 앞의 수인 64
・65보다 1만큼 더 큰 수:
65 바로 뒤의 수인 66

8 64 − 65 − 66 − 67 − 68 − 69 − 70

9 귤을 세어 보면 15개입니다. 15는 둘씩 짝을 지을 때 하나가 남으므로 홀수입니다.

10 ② 90보다 10만큼 더 작은 수는 80입니다.

11 79 < 81
└7<8┘

13 수를 작은 수부터 차례대로 써 보면
52, 65, 79, 82, 87, 90입니다.
⇨ 82보다 큰 수는 87, 90입니다.

14 70보다 1만큼 더 작은 수는 70 바로 앞의 수인 69입니다.
69는 육십구 또는 예순아홉이라고 읽습니다.

15 ㉠ 76   ㉡ 75   ㉢ 54
⇨ 54<75<76이므로 가장 작은 수는 ㉢입니다.

16 10개씩 묶음 8개는 80이므로 화분에 심은 꽃은 모두 80송이입니다.

17 67보다 크고 71보다 작은 수는 68, 69, 70으로 모두 3개입니다.

18 94는 10개씩 묶음 9개와 낱개 4개입니다.
⇨ 10명씩 짝을 지으면 짝을 짓지 못하는 어린이는 4명입니다.

19 10개씩 묶음의 수가 6으로 같으므로 낱개의 수가 4보다 작아야 합니다.
⇨ □ 안에 들어갈 수 있는 수는 0, 1, 2, 3입니다.

---

1 8, 80

2 7, 6, 76

3

4 팔십구, 여든아홉

5 100, 백

6 63개

7 94, 96, 99, 100

8 83에 ○표

9 홀수에 ○표

10 77에 ○표, 75에 △표

11 65, 73 ; 73에 ○표

12 76, 77

13 큽니다에 ○표 ; >

14 50, 74, 79, 86

15 20, 4, 16에 색칠

16 ㉡

17 6개

18 혜미

19 65개

20 ⓔ 낱개의 수를 비교하면 7>5이므로 □ 안에 들어갈 수 있는 수는 7보다 작은 1, 2, 3, 4, 5, 6입니다.
⇨ □ 안에 들어갈 수 있는 가장 큰 수는 6입니다. ; 6

---

6 10개씩 묶어 보면 10개씩 묶음 6개와 낱개 3개이므로 사탕은 모두 63개입니다.

8 10개씩 묶음의 수가 8로 같으므로 낱개의 수를 비교하면 83은 80보다 큽니다.

10 ・76보다 1만큼 더 큰 수:
76 바로 뒤의 수인 77
・76보다 1만큼 더 작은 수:
76 바로 앞의 수인 75

11 10개씩 묶음 6개와 낱개 5개: 65
10개씩 묶음 7개와 낱개 3개: 73
⇨ 65<73

12 75 − [76 − 77] − 78
└ 75와 78 사이에 있는 수

13 10개씩 묶음의 수를 비교하면 9>8이므로 92는 86보다 큽니다. ⇨ 92>86

14 10개씩 묶음의 수가 작은 수부터 쓰고, 10개씩 묶음의 수가 같으면 낱개의 수가 작은 수부터 씁니다. ⇨ 50<74<79<86

15 짝수: 20, 4, 16
홀수: 11, 35, 7

16 84와 놓여져 있는 수의 크기를 각각 비교합니다.
84는 82보다 크고 90보다 작으므로 84 수 카드
는 82와 90 수 카드 사이에 놓아야 합니다.

17 86보다 크고 93보다 작은 수는 87, 88, 89,
90, 91, 92로 모두 6개입니다.

18 10개씩 묶음의 수가 클수록 크고, 10개씩 묶음의
수가 같으면 낱개의 수가 클수록 큽니다.
⇨ 86>81>75이므로 혜미가 감자를 가장 많이
캤습니다.

19 10개씩 묶음 6개와 낱개 5개는 65입니다.
⇨ 수진이가 따 온 복숭아는 모두 65개입니다.

---

1 9, 90   **2** 72   **3** 오십칠, 쉰일곱

4 (수의 순서대로) 76, 77, 78, 81, 83

5 58에 ○표   **6** ①

7 <   **8** 100개

9

⚠	②	⚠	④	⚠
⑥	⚠	⑧	⚠	⑩

10 지원

11 6개   **12** ㉡, ㉢, ㉠   **13** 2개

14 35   **15** 지민   **16** 4명

17 예 사과 9상자 중에서 2상자를 팔았으므로
9−2=7(상자)가 남았습니다.
⇨ 남아 있는 사과는 10개씩 7상자이므로
70개입니다. ; 70개

18 61   **19** 64개

20 예 만들 수 있는 두 자리 수는 34, 36, 38, 43,
46, 48, 63, 64, 68, 83, 84, 86입니다.
이 중에서 36보다 크고 68보다 작은 수는
38, 43, 46, 48, 63, 64이므로 모두 6개
입니다. ; 6개

---

6 ② 88(팔십팔, 여든여덟)
③ 67(육십칠, 예순일곱)
④ 76(칠십육, 일흔여섯)
⑤ 85(팔십오, 여든다섯)

7 구십오: 95, 아흔일곱: 97
⇨ 95 < 97
└5<7┘

8 99보다 1만큼 더 큰 수는 100입니다.
⇨ 민재가 접은 종이학은 100개입니다.

9 짝수: 둘씩 짝을 지을 때 남는 것이 없는 수
홀수: 둘씩 짝을 지을 때 하나가 남는 수

10 80은 10개씩 묶음의 수가 8이고, 68은 10개씩
묶음의 수가 6이므로 80은 68보다 큽니다.
⇨ 지원이가 클립을 더 많이 가지고 있습니다.

11 60은 10개씩 묶음 6개입니다.
⇨ 귤 60개를 한 봉지에 10개씩 담으려면 봉지는
6개 필요합니다.

12 ㉠ 63보다 10만큼 더 큰 수는 73입니다.
㉡ 70보다 1만큼 더 작은 수는 69입니다.
㉢ 69보다 1만큼 더 큰 수는 70입니다.
⇨ 69<70<73이므로 ㉡<㉢<㉠입니다.

13 낱개의 수가 7>3이므로 □ 안에 들어갈 수 있는
수는 8, 9로 모두 2개입니다.

14 17, 10, 35, 42 중 홀수는 17, 35입니다.
⇨ 17과 35의 크기를 비교하면 17<35입니다.

15 구슬을 세어 보면 10개씩 묶음 8개와 낱개 5개이
므로 85개입니다. 85는 홀수입니다.

16 78 − 79 − 80 − 81 − 82 − 83
└――――――――┘
4명

18 59보다 크고 63보다 작은 수: 60, 61, 62
이 중에서 홀수는 61입니다.

19 낱개 14개는 10개씩 묶음 1개, 낱개 4개와 같습
니다.
⇨ 10개씩 묶음 5+1=6(개), 낱개 4개와 같으
므로 태호가 산 누름 못은 모두 64개입니다.

서술형 평가 ❶

1 ❶ 74　　　　❷ 칠십사, 일흔넷

2 ❶ 78개　　　❷ 79　　　　❸ 79개

3 ❶ 80　　　　❷ 서우

4 ❶ 95　　　　❷ 100　　　❸ 96, 97, 98, 99

4 ❸ 95보다 크고 100보다 작은 수는
96, 97, 98, 99입니다.

서술형 평가 ❷

1 예 할머니의 나이는 예순일곱이므로 수로 나타내
면 67입니다. 67보다 1만큼 더 큰 수는 68입
니다.
➡ 올해 할아버지의 나이는 68살입니다. ; 68살

2 예 83은 10개씩 묶음 8개와 낱개 3개입니다.
➡ 초콜릿 83개를 한 봉지에 10개씩 담으면
8봉지까지 담고 3개가 남습니다.
; 8봉지, 3개

3 예 가장 큰 두 자리 수를 만들려면 큰 수부터 차례
대로 써야 합니다. 5, 4, 9의 크기를 비교하면
9>5>4이므로 만들 수 있는 가장 큰 두 자
리 수는 95입니다. ; 95

4 예 7♥는 76보다 큰 수이므로 7♥가 될 수 있는
수는 77, 78, 79입니다.
➡ ♥에 들어갈 수 있는 수는 7, 8, 9이고,
이 중 가장 작은 수는 7입니다. ; 7

오답 베스트 5

1 ③　　　　2 3개　　　　3 77

4 32, 34, 36　5 5개

5 ㉠ 49보다 1만큼 더 큰 수: 50
㉡ 57보다 1만큼 더 작은 수: 56
➡ 50과 56 사이의 수는 51, 52, 53, 54, 55
이므로 모두 5개입니다.

덧셈과 뺄셈 (1)

쪽지시험 1회

1 예 (○가 그려진 표)
2 (계산 순서대로) 5, 5, 8
3 (계산 순서대로) 8, 8
4 (계산 순서대로) 7, 9, 9　5 6
6 예 (○와 ⊘가 그려진 표)
7 (계산 순서대로) 6, 6, 4
8 (계산 순서대로) 4, 4
9 (계산 순서대로) 6, 4, 4　10 3

1 ○를 4개, 1개, 3개 그립니다.
2 4+1=5 ➡ 5+3=8
6 남은 6개의 ○ 중에서 2개의 ○에 /을 더 그립니다.
7 9-3=6 ➡ 6-2=4
10 8-2-3=6-3=3

쪽지시험 2회

1 7　　　　2 5　　　　3 4

4 (○ 표) ; 6　5 (○ 표) ; 3

6 2　　　　7 6　　　　8 9

9 5　　　　10 7

3 6과 더해서 10이 되는 수는 4입니다.
5 7과 더해서 10이 되는 수는 3입니다.
6 10은 8과 2로 가르기 할 수 있으므로
10-8=2입니다.
7 ○ 10개 중에서 4개를 /으로 지우면 남아 있는
○는 6개입니다.
8 ○ 10개 중에서 1개를 /으로 지우면 남아 있는
○는 9개입니다.
9 숟가락과 포크의 개수를 비교하면 숟가락이 포크
보다 10-5=5(개) 더 많습니다.
10 당근과 케이크의 개수를 비교하면 당근이 케이크
보다 10-3=7(개) 더 많습니다.

1 예

2 앞의에 ○표   **3** (계산 순서대로) 15, 15

4 (계산 순서대로) 18, 18

5 (계산 순서대로) 10, 14, 14

6 뒤의에 ○표

7 (계산 순서대로) 10, 15, 15

8 (계산 순서대로) 10, 16, 16

9 (계산 순서대로) 10, 13, 13   **10** 14

1 ○를 4개, 6개, 5개 그립니다.

2 4와 6을 먼저 더해 10을 만들고 나면 남은 수를 쉽게 더할 수 있습니다.

3 4+6+5=10+5=15

6 7과 3을 먼저 더해 10을 만들고 나면 남은 수를 쉽게 더할 수 있습니다.

7 5+7+3=5+10=15

8 6+5+5=6+10=16

9 3+9+1=3+10=13

10 2+8+4=10+4=14

1 10, 10   **2** 10, 10   **3** 10

4 8   **5** 8   **6** 6

7 4   **8** 1   **9** 2

10 10   **11** 8−1−1에 ○표

12 예
; 4

13 (계산 순서대로) 5, 1, 1   **14** ④

15 (계산 순서대로) 10, 14, 14

16 (계산 순서대로) 10, 15, 15

17 2, 3 (또는 3, 2)

18

8+2	4+5	7+3
2+9	5+5	6+4

19 1개

20

1 구슬이 7개하고 3개 더 있으므로 7하고 8, 9, 10입니다.

2 구슬이 3개하고 7개 더 있으므로 3하고 4, 5, 6, 7, 8, 9, 10입니다.

3 개구리 5마리부터 5마리를 이어 세면 5하고 6, 7, 8, 9, 10입니다.

4 5+1+2=6+2=8

5 3+2+3=5+3=8

6 토끼 1마리에 오리 3마리를 더하면 1+3=4(마리)이고 강아지 2마리를 더 더하면 4+2=6(마리)입니다.

7 연필 9자루에서 3자루를 빼면 9−3=6(자루)가 남고 6자루에서 2자루를 더 빼면 6−2=4(자루)가 남습니다.

8 9와 더해서 10이 되는 수는 1입니다.

9 8과 더해서 10이 되는 수는 2입니다.

10 ●●●●●●○○○○ ⇨ 6+4=10
      └─6─┘ 7 8 9 10

11 자전거 8대에 1대를 빼고 1대를 더 뺍니다.
      ⇨ 8−1−1

12 ○ 10개 중에서 6개를 /으로 지우면 남아 있는 ○는 4개입니다. ⇨ 10−6=4

13 7−2−4=5−4=1

14 우산 6개와 4개를 더하면 모두 10개입니다.
      ⇨ 6+4=10

15 3+7+4=10+4=14

16 5+8+2=5+10=15

17 두 장의 카드를 합하여 5가 되는 두 수는 2와 3입니다.

18 8+2=10, 4+5=9, 7+3=10, 2+6=8, 5+5=10, 6+4=10

19 귤 10개에서 9개를 먹으면 10−9=1(개)가 남습니다.

20 5+5+3=10+3=13, 2+9+1=2+10=12

정답 및 풀이

34~36쪽 단원평가 2회

1 10   **2** 10   **3** 10, 10

4 같습니다에 ○표

5 예) ; 9   **6** 3

                                   7 5

8 8   **9** 2   **10** 2

11 7   **12** (계산 순서대로) 4, 2, 2

13 9, 1   **14** 15   **15** 17

16   **17** 18

                                 18 2, 3 (또는 3, 2)

19 1개   **20** 15

---

3 $\Rightarrow 6+4=10$

     $\Rightarrow 4+6=10$

4 두 수를 바꾸어 더해도 결과가 같습니다.

5 ○를 3개, 4개, 2개 그려 넣으면 모두 9개입니다.
    $\Rightarrow 3+4+2=9$

6 귤 10개 중에서 7개를 빼면 3개가 남습니다.
    $\Rightarrow 10-7=3$

7 구슬 10개 중에서 5개를 빼면 5개가 남습니다.
    $\Rightarrow 10-5=5$

8 사탕 4개에 도넛 1개를 더하면 $4+1=5$(개)이고 아이스크림 3개를 더 더하면 $5+3=8$(개)입니다.

9 도넛 7개에서 1개를 빼면 $7-1=6$(개)가 남고 6개에서 4개를 더 빼면 $6-4=2$(개)가 남습니다.

10 8과 더해서 10이 되는 수는 2입니다.

11 3과 더해서 10이 되는 수는 7입니다.

14 $5+9+1=5+10=15$

15 $6+4+7=10+7=17$

16 $2+8=10$, $9+1=10$, $7+3=10$

17 $4+6+8=10+8=18$

18 7에서 순서대로 뺐을 때 2가 나오는 두 장의 카드는 2와 3입니다.

---

19 $7-5-1=2-1=1$(개)
20 $5+3+7=5+10=15$

37~39쪽 단원평가 3회

1 7   **2** 6   **3** 3

4 2   **5** (계산 순서대로) 7, 9, 9

6 (계산 순서대로) 7, 4, 4   **7** 10, 10

8 9, 8

9 예)

10 18   **11** 1   **12** 17

13   **14** 2, 1, 7 (또는 1, 2, 7)

15 ③   **16** ㉠   **17** 19명

18   **19** (4+6)+5 ; 15

20 예) 8조각 중에서 3조각, 2조각을 뺀 나머지는 $8-3-2=3$(조각)입니다. 따라서 두 사람이 먹고 남은 피자는 3조각입니다. ; 3조각

---

1 10개짜리 달걀판에 남은 달걀은 $10-3=7$(개)입니다.

2 꽃 10송이 중에서 활짝 핀 꽃은 $10-4=6$(송이)입니다.

3 $7-2-2=5-2=3$

4 $9-3-4=6-4=2$

5 $2+5+2=7+2=9$

6 $8-1-3=7-3=4$

7 $\Rightarrow 2+8=10$

     $\Rightarrow 8+2=10$

8 1과 더해서 10이 되는 수는 9이고, 2와 더해서 10이 되는 수는 8입니다.

9 ○를 8개, 8개 더 그립니다.

10 ○ 10개와 8개가 있으므로 모두 18개입니다.
    $\Rightarrow 2+8+8=18$

11 $\underline{7-5}-1=2-1=1$

12 $7+\underline{9+1}=17$

$\underline{9+1}=\underline{10}$

$\underline{10}=17$

13 $\underline{1+6}+2=\underline{7}+2=9$

$\underline{3+3}+2=\underline{6}+2=8$

14 물고기 4마리가 있는 어항에 2마리와 1마리를 더 넣으면 모두 $4+2+1=7$(마리)입니다.

15 ③ $6+3=9$

16 ㉠ $10-6=4$

㉡ $\underline{8-3}-2=\underline{5}-2=3$

17 $6+\underline{4+9}=19$(명)

$\underline{4+9}=\underline{10}$

$\underline{10}=19$

18 $4+\underline{7+3}=4+\underline{10}=14$

$\underline{8+2}+6=\underline{10}+6=16$

$5+\underline{9+1}=5+\underline{10}=15$

19 $4+\underline{6+5}=\underline{10}+5=15$

40~42쪽 단원평가 4회

1 2   **2** 1   **3** 10

4 (계산 순서대로) 6, 6, 2   **5** ㉡

6 16   **7** 4 ; 4

8
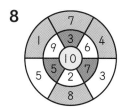

9 $3+1+4$에 ○표

10 7

11 2

12 2, 8 (또는 8, 2)

13 14   **14** ④   **15** 9송이

16 4, 6, 15 (또는 6, 4, 15)

17 ㉣, ㉡, ㉢, ㉠

18 ·╴╴·

·╴╴·

19 예 $2+3+2=7$; 7개

20 예 희주가 먹은 딸기는 4개, 보나가 먹은 딸기도 4개입니다. 따라서 두 사람이 먹고 남은 딸기 는 $9-4-4=1$(개)입니다. ; 1개

---

1 연필 8자루와 색연필 2자루를 더하면 모두 10자루 입니다. ⇨ $8+2=10$

2 도넛 9개와 머핀 1개를 더하면 모두 10개입니다.
⇨ $9+1=10$

3 ●●●●●○○○○○ ⇨ $5+5=10$
5   6 7 8 9 10

4 $8-2=6$ ⇨ $6-4=2$

5 $7+3=10$이므로 ㉡을 먼저 계산합니다.

6 $6+\underline{7+3}=6+\underline{10}=16$

7 6과 더해서 10이 되는 수는 4이고, 두 수를 바꾸 어 더해도 결과는 같습니다.

8 두 수를 더하여 10이 되는 수를 찾습니다.
⇨ $1+\underline{9}=10$, $\underline{5}+5=10$, $8+\underline{2}=10$,
$\underline{3}+7=10$, $4+\underline{6}=10$

9 $3+\underline{1+4}=8$, $5+\underline{2+2}=9$

$\underline{1+4}=\underline{4}$ $\underline{2+2}=\underline{7}$

$=8$ $=9$

10 $\underline{4+1}+2=\underline{5}+2=7$

11 $\underline{8-5}-1=\underline{3}-1=2$

12 합이 10이 되는 두 수를 골라야 하므로 수 카드 2와 8을 골라 덧셈식을 완성합니다.

13 $\underline{7+3}+4=\underline{10}+4=14$

14 ④ $10-2=8$

15 $3+\underline{1+5}=9$(송이)

$\underline{1+5}=\underline{4}$

$=9$

16 크레파스 4개, 지우개 6개, 가위 5개입니다.
⇨ $\underline{4+6}+5=\underline{10}+5=15$

17 ㉠ $10-2=8$, ㉡ $10-5=5$,
㉢ $10-4=6$, ㉣ $10-7=3$
⇨ ㉣, ㉡, ㉢, ㉠

18 $2+\underline{9+1}=2+\underline{10}=12$,
$2+\underline{4+6}=2+\underline{10}=12$,
$\underline{7+3}+8=\underline{10}+8=18$,
$8+\underline{9+1}=8+\underline{10}=18$

19 검은건반이 2개, 3개, 2개 있으므로
모두 $2+3+2=7$(개)입니다.

정답 및 풀이

43~45쪽 단원평가 5회

1 10, 10　　**2** 8　　　**3** 7

4 (○)( )　**5** (계산 순서대로) 10, 17, 17

6 (계산 순서대로) 5, 2, 2　**7** 10쪽

8 17　　　**9** (위부터) 7, 18 ; 18

10

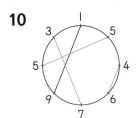

11 12개

12 7층

13 ㉠

14

15 예림　　**16** 2, 8, 6에 ○표

17 예 세 수의 뺄셈은 앞에서부터 차례대로 계산해
야 되는데 뒤의 두 수를 먼저 계산하여 잘못
되었습니다. 바르게 계산하면

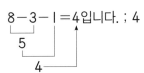

$8-3-1=4$입니다. ; 4

18 현수　　**19** 예 $3+2+3=8$; 8번

20 예 창호의 나이는 $4+5=9$(살)이고, 미라의 나이
는 $9+1=10$(살)입니다. 따라서 미라는 보나
보다 $10-4=6$(살) 더 많습니다. ; 6살

3 3과 더해서 10이 되는 수는 7입니다.

4 $2+4+6=2+\underline{10}=12$

5 앞의 두 수를 먼저 더해 10을 만듭니다.
$\Rightarrow 6+4+7=\underline{10}+7=17$

7 문제집을 어제 4쪽, 오늘 6쪽 풀었으므로
모두 $4+6=10$(쪽)을 풀었습니다.

8 $7+8+2=7+\underline{10}=17$

9 $3+7+8=18$

10 $3+7=10$, $5+5=10$, $4+6=10$

11 민우는 2개, 초롱이는 5개, 세웅이는 5개의 손가
락을 펼쳤습니다.
$\Rightarrow 2+5+5=2+\underline{10}=12$(개)

12 준희는 10층에서 엘리베이터를 타고 3층에 내렸
으므로 $10-3=7$(층)을 내려왔습니다.

13 ㉠ $1+4+2=\underline{5}+2=7$
㉡ $9-1-2=\underline{8}-2=6$
㉢ $2+2+2=\underline{4}+2=6$

14 $9-3-3=\underline{6}-3=3 \Rightarrow 10-7=3$
$7-1-2=\underline{6}-2=4 \Rightarrow 10-6=4$
$8-5-1=\underline{3}-1=2 \Rightarrow 10-8=2$

15 예림: $2+9+1=2+\underline{10}=12$
은미: $4+6+7=\underline{10}+7=17$

16 $2+8+6=\underline{10}+6=16$

18 유진: $3+7+4=\underline{10}+4=14$(개)
현수: $6+9+1=6+\underline{10}=16$(개)

19 우리는 착한 어린이 $\Rightarrow 3+2+3=8$(번)
　 3번　 2번　 3번

46~47쪽 서술형 평가 ❶

1 ❶ 10　　❷ 10장

2 ❶ 7　　 ❷ 7개

3 ❶ 8　　 ❷ 8　　　 ❸ 0

4 ❶ 10권　❷ 15권　　❸ 15권

1 ❶ $6+4=10$
❷ $6+4=10$이므로 윤하가 어제와 오늘 주운
단풍잎은 모두 10장입니다.

2 ❶ $10-3=7$
❷ $10-3=7$이므로 만두 10개 중에서 지호가
먹을 수 있는 만두는 7개입니다.

3 ❶ ○○○○○○○○●● $\Rightarrow 8+2=10$
❷ ●●○○○○○○○○ $\Rightarrow 2+8=10$
❸ ㉠과 ㉡ 모두 8이므로 차는 0입니다.
$\Rightarrow$ 두 수를 바꾸어 더해도 결과는 같습니다.

4 ❶ 동화책이 9권, 위인전이 1권이므로
모두 $9+1=10$(권)입니다.
❷ ❶의 값이 10권, 문제집이 5권이므로
모두 $10+5=15$(권)입니다.
❸ $9+1+5=\underline{10}+5=15$(권)

1 예 10−5=5이므로 치킨 10조각 중에서 은빈이가 먹을 수 있는 치킨은 5조각입니다.

; 5조각

2 예 세 수 중에서 뒤의 두 수를 더하면 10이고, 남은 수 하나를 더 더하면 9+10=19입니다. 따라서 세 수의 합은 9+7+3=19입니다.

; 19

3 예 7명 중에서 집에 가고 남은 친구는 7−1=6(명)입니다. 그중에서 학원에 간 3명을 빼면 6−3=3(명)입니다. 따라서 도서관에 남아 있는 친구는 3명입니다. ; 3명

4 예 지우는 2층보다 3층 더 올라가서 내렸으므로 2+3=5(층)에서 내렸습니다. 민아는 지우가 내린 다음 2층 더 올라가서 내렸으므로 5+2=7(층)에서 내렸습니다. ; 7층

1 2, 10   **2** ⑴ 3   ⑵ 8

3 (계산 순서대로) 10, 19, 19

4 ( )(○)   **5** <

1 8에 2를 더하면 10입니다.

2 ⑴ ○○○○○○○●●●
⇨ 7+ 3 =10
⑵ ●●●●●●●●○○
⇨ 8 +2=10

3 뒤의 두 수 2와 8을 먼저 더해 10을 만든 뒤 9와 10을 더하면 19가 됩니다.

4 앞의 두 수의 뺄셈을 하여 나온 수에서 나머지 한 수를 뺍니다.

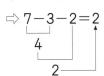
⇨ 7−3−2=2

5 2+1+5=3+5=8
⇨ 8<10

3 모양과 시각

1 ( )( )(○)   **2** ( )( )(○)
3 (○)( )( )   **4** (○)( )( )
5 ( )( )(○)   **6** ㉢, ㉻
7 ㉡, ㉣   **8** ㉠, ㉺
9 ( )(×)( )   **10** ( )(×)( )

1 ▢모양은 달력입니다.
2 △모양은 교통 표지판입니다.
3 ○모양은 단추입니다.
6 ▢모양의 물건은 ㉢ 위인전, ㉻ 지우개입니다.
7 △모양의 물건은 ㉡ 삼각자, ㉣ 트라이앵글입니다.
8 ○모양의 물건은 ㉠ 교통 표지판, ㉺ 훌라후프입니다.
9 샌드위치는 ▢모양입니다.
10 거울은 ▢모양입니다.

1 (○)( )( )   **2** ( )( )(○)
3 ( )(○)( )   **4** ㉡   **5** ㉢
6 7개   **7** 12개   **8** 3개
9 9개, 2개, 2개   **10** ▢에 ○표

4 뾰족한 부분이 모두 3군데인 모양은 △모양입니다.
5 뾰족한 부분이 없는 모양은 ○모양입니다.

6~8
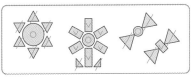
▢모양(∨): 7개, △모양(/): 12개,
○모양(○): 3개

9 ▢모양 9개, △모양 2개, ○모양 2개를 사용하여 만든 모양입니다.
10 ▢모양을 9개로 가장 많이 사용했습니다.

정답 및 풀이

56쪽 쪽지시험 3회

1 2 **2** 11 **3** 5, 30

4 11, 30 **5** 12 **6** 7, 7

7 8 ; 8, 30 **8** 6

9   **10** (시계 그림)

1 짧은바늘이 2, 긴바늘이 12를 가리키므로 2시입니다.

3 짧은바늘이 5와 6의 가운데, 긴바늘이 6을 가리키므로 5시 30분입니다.

4 짧은바늘이 11과 12의 가운데, 긴바늘이 6을 가리키므로 11시 30분입니다.

5 '몇 시'는 시계의 긴바늘이 12를 가리킵니다.

6 짧은바늘이 7, 긴바늘이 12를 가리키므로 7시입니다.

7 짧은바늘이 8과 9의 가운데, 긴바늘이 6을 가리키므로 8시 30분입니다.

8 '몇 시 30분'은 시계의 긴바늘이 6을 가리킵니다.

10 9시 30분은 시계의 짧은바늘이 9와 10의 가운데를 가리키도록 그립니다.

57~59쪽 단원평가 1회

1 (○)( )( ) **2** (○)( )( )

3 ( )(○)( ) **4** 5

5 (선 연결 그림) **6** ©, ⑩

7 ⊙, ⊎

8 2개 **9** (선 연결 그림)

10 12, 8

11 6, 4, 30 **12** ( )(○)

13 □에 ○표 **14** (○)( )

15 △, ●에 ○표 **16** 4개

17 △ 모양 **18** 3개

19 4개, 6개, 2개 **20** △ 모양

4 짧은바늘이 5, 긴바늘이 12를 가리키므로 5시입니다.

6 □ 모양의 물건은 © 지우개, ⑩ 동화책입니다.

7 △ 모양의 물건은 ⊙ 교통 표지판, ⊎ 트라이앵글입니다.

8 ● 모양의 물건은 © 시계, ② 도넛으로 모두 2개입니다.

10 짧은바늘이 8, 긴바늘이 12를 가리키므로 8시입니다.

11 짧은바늘이 4와 5의 가운데, 긴바늘이 6을 가리키므로 4시 30분입니다.

12 풀을 점토에 찍으면 ● 모양이 나옵니다.

14 5시 30분은 짧은바늘이 5와 6의 가운데, 긴바늘이 6을 가리킵니다.

18 ·□ 모양: 수학책, 엽서 ⇨ 2개
· △ 모양: 삼각자, 트라이앵글, 교통 표지판 ⇨ 3개
· ● 모양: 동전 ⇨ 1개

19 □ 모양 4개, △ 모양 6개, ● 모양 2개를 사용하여 만든 것입니다.

20 △ 모양을 6개로 가장 많이 사용했습니다.

60~62쪽 단원평가 2회

1 10 **2** 2, 30

3 (○)( )( )( )

4 ( )(×)( )( )

5 ⑩, ⊎ **6** ©, ② **7** 2개

8 × **9** ○

10 (○)(□)(○)
(△)(□)(△)

11 ( )(○)( ) **12** 6개

13 4개 **14** 2개 **15** 8시 30분

16 (모양 그림) **17** 준형

18 ●에 ×표 **19** 10개 **20** △ 모양

1 짧은바늘이 10, 긴바늘이 12를 가리키므로 10시입니다.

2 짧은바늘이 2와 3의 가운데, 긴바늘이 6을 가리키므로 2시 30분입니다.

3 △ 모양의 물건은 트라이앵글입니다.

4 도넛, 시계, 교통 표지판은 ◯ 모양이고, 위인전은 ▢ 모양입니다.

5 ◯ 모양의 물건은 ㅁ 단추, ㅂ 동전입니다.

6 △ 모양의 물건은 ㄴ 삼각자, ㄹ 샌드위치입니다.

7 ▢ 모양의 물건은 ㄱ 봉투, ㄷ 액자로 모두 2개입니다.

8 짧은바늘이 6, 긴바늘이 12를 가리키므로 6시입니다.

9 짧은바늘이 10과 11의 가운데, 긴바늘이 6을 가리키므로 10시 30분입니다.

10 ▢ 모양: 리모컨, 동화책
△ 모양: 교통 표지판, 옷걸이
◯ 모양: CD, 접시

11 △ 모양은 뾰족한 부분이 3군데입니다.

12 ▢ 모양을 세어 보면 모두 6개입니다.

14 동전은 ◯ 모양이므로 ◯ 모양을 세어 보면 모두 2개입니다.

15 짧은바늘이 8과 9의 가운데, 긴바늘이 6을 가리키므로 8시 30분입니다.

16 ▢ 모양 3개, △ 모양 3개, ◯ 모양 2개로 만든 모양입니다. △ 모양 3개에 색칠합니다.

17 다희가 만든 모양은 △ 모양이고 준형이가 만든 모양은 ▢ 모양입니다.

18 ▢ 모양 8개, △ 모양 10개를 사용하여 만든 것입니다.

19 뾰족한 부분이 없는 모양은 ◯ 모양으로 10개입니다.

20 ▢ 모양 9개, △ 모양 4개, ◯ 모양 10개로 만든 것이므로 가장 적게 사용한 모양은 △ 모양입니다.

---

1 △에 ◯표　　**2** ( )( )(◯)

3 　　**4** 7, 12　　**5** ㄴ, ㅁ, ㅂ

6 2개　　**7** ④

8 　　**9**

10 ▢, △에 ◯표　　**11** 3개

12 성우　　**13** 4개

14 ( )(◯)( )　　**15** ㄱ, ㄷ

16 4개, 3개, 5개　　**17** ◯ 모양

18 (◯)( )　　**19** 3개

20 예 ▢ 모양: 8개, △ 모양 : 3개, ◯ 모양: 1개
가장 많이 사용된 모양은 ▢ 모양으로 8개
이고, 가장 적게 사용된 모양은 ◯ 모양으로
1개입니다. 따라서 가장 많이 사용된 모양은
가장 적게 사용된 모양보다 8-1=7(개) 더
많습니다. ; 7개

---

2 피자는 △ 모양, CD는 ◯ 모양, 계산기는 ▢ 모양입니다.

3 도넛: ◯ 모양, 체중계: ▢ 모양,
트라이앵글: △ 모양

4 '몇 시'일 때 짧은바늘은 '몇', 긴바늘은 12를 가리킵니다.

5 △ 모양의 물건은 ㄴ 옷걸이, ㅁ 트라이앵글,
ㅂ 교통 표지판입니다.

6 ◯ 모양의 물건은 ㄱ 동전, ㄹ 탬버린으로 모두 2개입니다.

7 ①, ②, ③, ⑤: △ 모양, ④: ◯ 모양

8 4시는 시계의 짧은바늘이 4를 가리키도록 그립니다.

9 1시 30분은 시계의 짧은바늘이 1과 2의 가운데를 가리키도록 그립니다.

10 ▢ 모양 6개, △ 모양 1개를 사용하였습니다.

11 ▢ 모양은 거울, 봉투, 수첩으로 모두 3개입니다.

12 ▢ 모양은 뾰족한 부분이 4군데입니다.

13 기록장은 ▢ 모양이므로 ▢ 모양의 물건은 휴대 전화, 액자, 계산기, 모니터로 모두 4개입니다.

14 7시 30분은 짧은바늘이 7과 8의 가운데를 가리킵니다.
8시는 짧은바늘이 8을 가리킵니다.
8시 30분은 짧은바늘이 8과 9의 가운데를 가리킵니다.

15 '몇 시 30분'일 때 긴바늘이 6을 가리킵니다.

16 ▢ 모양 4개, △ 모양 3개, ○ 모양 5개를 사용하여 만든 것입니다.

17 ○ 모양을 5개로 가장 많이 사용했습니다.

19 ▢ 모양은 1개, △ 모양은 4개이므로 △ 모양은 ▢ 모양보다 4－1＝3(개) 더 많습니다.

66~68쪽 단원평가 4회

1 6, 12, 6

2 (그림)

3 (□)(○)(□)
(△)(○)(△)

4 4, 6

5 ㉠, ㉢

6 ㉣, ㉫

7 (그림)

8 ▢에 ×표

9 ③

10 ㉠

11 (○)(　)(　)(○)

12 9개

13 5개, 3개, 3개

14 ㉡, ㉢

15 ▢, △에 ○표

16 3개

17 ㉡

18 (　)(○)

19 예 꽃

20 예 ▢ 모양 2개, △ 모양 4개, ○ 모양 7개를 사용하여 만든 모양입니다. 따라서 가장 많이 사용한 모양은 ○ 모양이고, 7개입니다.
; ○ 모양, 7개

---

1 짧은바늘이 6, 긴바늘이 12를 가리키므로 6시입니다.

3 ▢ 모양은 자석, 계산기, △ 모양은 삼각자, 삼각김밥, ○ 모양은 바퀴, 동전입니다.

4 '몇 시 30분'은 시계의 긴바늘이 6을 가리킵니다.

5 ○ 모양의 물건은 ㉠ CD, ㉢ 시계입니다.

6 삼각자는 △ 모양입니다. △ 모양의 물건은 ㉣ 교통 표지판, ㉫ 삼각김밥입니다.

7 ▢ 모양, ○ 모양이 있는 물건을 찾아 선으로 잇습니다.

8 △ 모양, ○ 모양, ☆ 모양을 사용하여 모자를 꾸몄습니다.

9 시계의 긴바늘이 12를 가리키므로 '몇 시'이고, 짧은바늘이 12를 가리키므로 12시입니다.

10 ㉠ 5시   ㉡ 5시 30분   ㉢ 5시 30분

11 뾰족한 부분이 모두 3군데인 모양은 △ 모양입니다.

12 ▢ 모양 9개, △ 모양 7개, ○ 모양 3개로 만들었습니다.

13 ▢ 모양 5개, △ 모양 3개, ○ 모양 3개를 사용했습니다.

14 '몇 시'일 때 긴바늘이 12를 가리킵니다.

15 ▢ 모양과 △ 모양을 찍을 수 있습니다.

16 ▢ 모양 6개, ○ 모양 3개를 사용하여 옷을 꾸몄습니다.
⇨ ▢ 모양을 ○ 모양보다 6－3＝3(개) 더 많이 사용했습니다.

17 ㉠ ▢ 모양: 2개, △ 모양: 4개, ○ 모양: 2개
㉡ ▢ 모양: 1개, △ 모양: 6개, ○ 모양: 1개

18 ▢ 모양 2개, △ 모양 2개, ○ 모양 3개를 사용하여 만든 것은 오른쪽입니다.

1

2 □에 ○표

3 (시계 그림: 12시 방향)

4 ㉡

5 ( )(×)( )

6 4개

7 ㉣, ㉤

8 2개

9 (선으로 잇기)

10 (선으로 잇기)

11 민재

12 12

13 ( )(○)( )

14 3개, 8개, 4개

15 ○ 모양

16 ( )(○)

17 ㈎ □ 모양은 뾰족한 부분이 있고, ○ 모양은 뾰족한 부분이 없습니다.

18 6시 30분

19 아버지

20 ㈎ □ 모양 9개, △ 모양 6개, ○ 모양 3개를 사용하여 만든 모양입니다.
가장 많이 사용한 모양은 □ 모양으로 9개 이고, 가장 적게 사용한 모양은 ○ 모양으로 3개입니다. ⇨ 9－3＝6(개) ; 6개

---

1 △ 모양: 트라이앵글, 삼각김밥
○ 모양: 동전, 피자
□ 모양: 엽서, 샌드위치

3 11시 30분이므로 시계의 짧은바늘이 11과 12의 가운데를 가리키도록 그립니다.

6 □ 모양의 물건은 ㉡ 지우개, ㉢ 김치냉장고, ㉤ 봉투, ㉦ 필통으로 모두 4개입니다.

7 삼각자를 본뜬 모양은 △ 모양입니다.
△ 모양의 물건은 ㉣ 트라이앵글, ㉤ 교통 표지판입니다.

8 □ 모양: 4개, ○ 모양: 2개
□ 모양의 물건은 ○ 모양의 물건보다 4－2＝2(개) 더 많습니다.

9 왼쪽 위부터 2시, 6시 30분, 12시입니다.

11 지민이는 △ 모양, ○ 모양, ☆ 모양을 사용하여 꾸몄고, 민재는 □ 모양, ○ 모양을 사용하여 꾸몄습니다.

12 디지털시계의 시각은 10시이므로 시계의 긴바늘은 12를 가리킵니다.

13 9시 30분일 때 짧은바늘은 9와 10의 가운데를 가리킵니다.

15 □ 모양 5개, △ 모양 4개, ○ 모양 6개를 사용하여 만든 것입니다. 따라서 가장 많이 사용된 모양은 ○ 모양입니다.

16 왼쪽 그림은 □ 모양 4개, △ 모양 1개, ○ 모양 6개로 만든 모양입니다.

18 짧은바늘이 6과 7의 가운데, 긴바늘이 6을 가리키므로 지수가 집에 들어온 시각은 6시 30분입니다.

19 지수는 6시 30분, 아버지는 7시 30분, 오빠는 7시에 집에 들어왔습니다. 따라서 가장 늦게 집에 들어온 사람은 아버지입니다.

---

1 ❶ ○ 모양 ❷ 거울

2 ❶ 3 ❷ 12 ❸ (시계 그림: 3시)

3 ❶ 7개 ❷ 9개 ❸ 수현

4 ❶ 4시 30분 ❷ 5시 ❸ 윤주

---

1 ❶ 시계는 ○ 모양입니다.
❷ 삼각자는 △ 모양, 거울은 ○ 모양, 액자는 □ 모양입니다.

2 ❸ 짧은바늘이 3, 긴바늘이 12를 가리키도록 그립니다.

3 ❶ □ 모양을 세어 보면 7개입니다.
❷ □ 모양을 세어 보면 9개입니다.
❸ 7＜9이므로 수현이가 □ 모양을 더 많이 사용했습니다.

정답 및 풀이

1 예 짧은바늘이 8과 9의 가운데, 긴 바늘이 6을 가리키도록 그립니다.

2 예 민기가 사용한 ◯ 모양을 세어 보면 7개입니다. 소정이가 사용한 ◯ 모양을 세어 보면 8개입니다. 7<8이므로 소정이가 ◯ 모양을 더 많이 사용했습니다. ; 소정

3 예 현아가 놀이터에 도착한 시각은 6시 30분이고 지우가 놀이터에 도착한 시각은 6시입니다. 따라서 놀이터에 먼저 도착한 사람은 지우입니다. ; 지우

4 예 모양을 만드는 데 사용한 ▧ 모양은 9개, △ 모양은 5개, ◯ 모양은 3개입니다. 따라서 가장 많이 사용한 모양은 ▧ 모양이고 가장 적게 사용한 모양은 ◯ 모양이므로 두 모양의 개수의 차는 9−3=6(개)입니다. ; 6개

1 ◯ 모양　　　**2** (　)(　)(◯)
3 2, 30, 5　**4** 5개, 1개, 1개　**5** 6개

1 ▧ 모양과 △ 모양을 찍을 수 있습니다.
2 짧은바늘이 9와 10의 가운데,
긴바늘이 6을 가리키는 시계를 찾습니다.
3 ・짧은바늘: 2와 3의 가운데, 긴바늘: 6
　⇨ 2시 30분
・짧은바늘: 5, 긴바늘: 12 ⇨ 5시
4 같은 모양끼리 ∨, ◯, × 표시를 하면서 세어 보면
▧ 모양 5개, △ 모양 1개, ◯ 모양 1개를 사용하여 만든 모양입니다.
5 ▧ 모양 6개, △ 모양 2개, ◯ 모양 8개를 사용하여 만든 모양입니다.
가장 많이 사용한 모양은 ◯ 모양, 가장 적게 사용한 모양은 △ 모양이므로 ◯ 모양은 △ 모양보다 8−2=6(개) 더 많습니다.

4 단원　덧셈과 뺄셈 (2)

1 11, 11　　　**2** 15　　　**3** (위부터) 14, 2
4 12　　　　　**5** (위부터) 17, 3, 4
6 (위부터) 16, 6　**7** (위부터) 16, 6
8 13, 14　**9** 12, 11　**10** 12, 12

2 9개하고 6개 더 있으므로 9에서 10, 11, 12, 13, 14, 15라고 이어 세기를 합니다.
5 5와 5를 더해 10을 만들고 남은 3과 4를 더합니다.
6 9와 1을 더해 10을 만들고 남은 6을 더합니다.
7 7과 3을 더해 10을 만들고 남은 6을 더합니다.
8 1씩 큰 수를 더하면 합도 1씩 커집니다.
9 1씩 작아지는 수에 똑같은 수를 더하면 합도 1씩 작아집니다.
10 두 수를 서로 바꾸어 더해도 합은 같습니다.

1 7, 7　　　**2** 모자에 ◯표, 5
3 (위부터) 8, 2　**4** 8
5 (위부터) 8, 6　**6** 9
7 5　　　　　**8** 5, 4
9 7, 8　　　**10** 14−9에 ◯표

1 풍선 11개에서 4개를 지워가며 11부터 10, 9, 8, 7로 거꾸로 셉니다.
2 모자와 장갑을 하나씩 짝 지어 보면 모자가 5개 더 많습니다.
3 14에서 4를 먼저 뺀 다음 2를 더 뺍니다.
6 10에서 8을 한 번에 빼고 남은 2에 7을 더합니다.
8 똑같은 수에서 1씩 큰 수를 빼면 차는 1씩 작아집니다.
9 똑같은 수에서 1씩 작은 수를 빼면 차는 1씩 커집니다.
10 12−5=7, 14−9=5

1 12   **2** 11   **3** 9

4 (위부터) 8, 2   **5** (위부터) 9, 4

6 (위부터) 5, 5   **7** (위부터) 15, 5

8 (위부터) 15, 4   **9** 15

10 12   **11** 8   **12** ✕(선 잇기)

13 11   **14** 6, 7, 8   **15** 17

16 ( )(○)   **17** 3, 4, 5

18 ✕(선 잇기)   **19** 6, 6, 12

           20 9개

---

3 $16-7=9$
    10   6

5 10에서 5를 한 번에 빼고 남은 5에 4를 더합니다.

6 11에서 1을 먼저 뺀 다음 5를 더 뺍니다.

7 9와 1을 더해 10을 만들고 남은 5를 더합니다.

8 6과 4를 더해 10을 만들고 남은 5를 더합니다.

9 5와 5를 더해 10을 만들고 남은 3과 2를 더합니다.

10 $4+8=12$ **11** $15-7=8$
    2   2   5   2

12 $16-8=8$, $11-4=7$

13 $5+6=11$

14 똑같은 수에서 1씩 작은 수를 빼면 차는 1씩 커집니다.

15 $9+8=17$
    1   7

16 $7+7=14$ ⇨ $9+4=13$, $8+6=14$

17 $11-8=3$, $11-7=4$, $11-6=5$

18 $2+9=11$ ⇨ $6+5=11$
     $7+8=15$ ⇨ $9+6=15$
     $4+9=13$ ⇨ $8+5=13$

19 주사위의 눈의 수가 각각 6, 6이므로 $6+6=12$ 입니다.

20 $16-7=9$(개)

---

1 13, 13   **2** 12

3 (위부터) 14, 4   **4** (위부터) 9, 1

5 9   **6** 15

7 (위부터) 12, 2   **8** (위부터) 16, 2, 4

9 (위부터) 3, 7   **10** 11

11 8   **12** 11, 11

13 13-7에 ○표   **14** 4, 4

15 12, 13, 14   **16** ( )(○)

17 6, 7, 9

18 ✕(선 잇기)   **19** 15명

           20 $14-9=5$; 5마리

---

2 5마리하고 7마리가 더 있으므로 5에서 6, 7, 8, 9, 10, 11, 12라고 이어 세기를 합니다.

3 8과 2를 더해 10을 만들고 남은 4를 더합니다.

4 16에서 6을 먼저 뺀 다음 1을 더 뺍니다.

5 $13-4=9$ **6** $7+8=15$
    3   1   3   5

7 2와 8을 더해 10을 만들고 남은 2를 더합니다.

8 5와 5를 더해 10을 만들고 남은 2와 4를 더합니다.

9 12에서 2를 먼저 뺀 다음 7을 더 뺍니다.

10 $9+2=11$ **11** $14-6=8$
    1   1   4   2

12 서로 바꾸어 더해도 합은 같습니다.

13 $15-7=8$, $13-7=6$

14 $13-9=4$, $12-8=4$
    3   6   2   6

15 1씩 큰 수를 더하면 합도 1씩 커집니다.

16 $9+2=11$, $6+8=14$

17 $13-7=6$, $14-7=7$, $16-7=9$

18 $15-8=7$, $11-7=4$, $17-9=8$

19 $9+6=15$(명)

20 $14-9=5$이므로 전깃줄에 남은 비둘기는 5마리 입니다.

정답 및 풀이

1 12 **2** 6 **3** 12

4 (위부터) 12, 4 **5** (위부터) 14, 1

6 예)

○	○	○	○	○
○	∅	∅	∅	∅

∅	∅	∅	∅	

; 6

7 16 **8** 9

9 ③ **10** 13, 14 ; 1

11 14 **12** 5, 8

13 (선 연결) **14** ( )(△)( )

15 ③ **16** 15개

17 12−4, 14−7에 ○표

18 9, 8, 17 (또는 8, 9, 17)

19 (선 연결) **20** 16−9=7 ; 7대

---

1 8과 2를 더해 10을 만들고 남은 2를 더합니다.

2 13에서 3을 먼저 뺀 다음 4를 더 뺍니다.

3 9+3=12
  1 2

4 6과 4를 더해 10을 만들고 남은 2를 더합니다.

5 9와 1을 더해 10을 만들고 남은 4를 더합니다.

6 ○ 14개 중에서 8개를 /으로 지우면 ○ 6개가
  남습니다.
  ⇨ 14−8=6

7 8+8=16 **8** 14−5=9
    2 6   4 1

9 빵 9개에 2개를 더하면 모두 11개입니다.
  ⇨ 9+2=11

10 더하는 수가 5, 6, 7로 1씩 커지면 합도 12, 13,
  14로 1씩 커집니다.

11 6+8=14

12 13−8=5, 17−9=8

13 5+8=13, 4+9=13, 6+7=13

14 12−4=8, 13−7=6, 11−3=8

15 ③ 15−7=8

16 7+8=15(개)

17 11−6=5
  ⇨ 12−4=8, 14−7=7, 13−9=4

18 합이 가장 큰 덧셈식을 만들려면 가장 큰 수 9와
  두 번째로 큰 수 8을 더합니다.
  ⇨ 9+8=17 (또는 8+9=17)

19 6+5=11 ⇨ 7+5=12 ⇨ 8+6=14
  ⇨ 7+8=15 ⇨ 9+9=18

20 (주차장에 남아 있는 자동차의 수)
  =(주차장에 있던 자동차의 수)−(나간 자동차의 수)
  =16−9=7(대)

1 13 **2** (위부터) 6, 4

3 (위부터) 7, 4 **4** (위부터) 15, 3

5 (위부터) 14, 1 **6** 11

7 8 **8** ③

9 9에 ○표 **10** ㉢

11 (선 연결) **12** ④

13

(원 위의 숫자: 6 위, 5 왼쪽 위, 9 오른쪽 위, 7 왼쪽 아래, 7 오른쪽 아래, 8 아래)

14 15, 9

15 15−8=7 ; 15−7=8

16 14, 8

17 예) 공책은 7권, 책은 5권이므로 가방 안에 있는
  공책과 책은 모두 7+5=12(권)입니다.
  ; 12권

18 ㉡, ㉢, ㉠, ㉣ **19** 3개

20

5+9	6+6	3+9
7+5	6+9	7+7
8+7	8+6	8+4

1 5와 5를 더해 10을 만들고 남은 1과 2를 더합니다.

2 10에서 8을 한 번에 빼고 남은 2에 4를 더합니다.

6 $7+4=11$

$\underset{3\quad 1}{\swarrow\searrow}$

7 $16-8=8$

$\underset{6\quad 2}{\swarrow\searrow}$

8 13개 중에서 6개를 먹어 7개가 남았습니다.

$\Rightarrow 13-6=7$

9 $7+9=16$이므로 9에 ○표 합니다.

10 ㉠ $11-2=9$, ㉡ $14-5=9$,

㉢ $16-8=8$, ㉣ $18-9=9$

11 $12-3=9 \Rightarrow 16-7=9$

$11-6=5 \Rightarrow 13-8=5$

$14-7=7 \Rightarrow 12-5=7$

12 ① $3+8=11$ ② $7+6=13$

③ $8+5=13$ ④ $9+2=11$

⑤ $6+5=11$

13 $6+8=14$, $5+9=14$, $7+7=14$

14 두 수를 서로 바꾸어 더해도 합은 같습니다.

15 가장 큰 수에서 나머지 두 수를 빼는 식을 만듭니다.

$\Rightarrow 15-8=7$, $15-7=8$

16 $5+9=14$, $14-6=8$

18 ㉠ $9+4=13$, ㉡ $5+6=11$,

㉢ $6+6=12$, ㉣ $8+7=15$

$\Rightarrow$ ㉡, ㉢, ㉠, ㉣

19 흰 건반이 11개, 검은 건반이 8개이므로 흰 건반이 $11-8=3$(개) 더 많습니다.

20 $6+8=14$이므로 합이 14인 식은 $5+9$, $7+7$, $8+6$입니다.

$9+6=15$이므로 합이 15인 식은 $6+9$, $8+7$입니다.

$5+7=12$이므로 합이 12인 식은 $6+6$, $3+9$, $7+5$, $8+4$입니다.

93~95쪽 단원평가 **5회**

1 (위부터) 16, 6 **2** (위부터) 5, 5

3 9 **4** 13

5 $17-8$에 ○표 **6** (위부터) 17, 7, 1

7 14 **8** (○)(△)

---

9 수영 **10** 9, 5

11 $16-9=7$; $16-7=9$

12 2개 **13** 7개

14 7 **15** 3, 9에 ○표

16

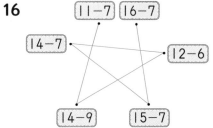

17 (위부터) 13, 14 ; 6, 7, 8

18 17 **19** 9

20 예 현우가 먹은 초콜릿은 $7+2=9$(개)입니다.

따라서 두 사람이 먹은 초콜릿은 모두 $7+9=16$(개)입니다.

; 16개

---

3 $15-6=9$

$\underset{10\quad 5}{\swarrow\searrow}$

4 $5+8=13$

$\underset{5\quad 3}{\swarrow\searrow}$

5 ○ 17개 중에서 8개를 /으로 지우고 ○ 9개가 남았습니다. $\Rightarrow 17-8=9$

6 9와 1을 더해 10을 만들고 남은 7을 더합니다.

7 $7+7=14$

8 $11-2=9$, $13-6=7$

9 유진: $15-9=6$, 수영: $13-4=9$

10 $9+5=14$

11 가장 큰 수에서 나머지 두 수를 빼는 식을 만듭니다.

$\Rightarrow 16-9=7$, $16-7=9$

12 $13-8=5$

$\Rightarrow$ ㉠ $\underline{11-6=5}$, ㉡ $\underline{12-7=5}$,

㉢ $\underline{14-8=6}$, ㉣ $\underline{17-9=8}$

13 $13-6=7$(개)

14 가장 큰 수는 14, 가장 작은 수는 7이므로 차는 $14-7=7$입니다.

15 $3+9=12$

정답 및 풀이

16 $11-7=4$, $16-7=9$, $14-7=7$,
$12-6=6$, $14-9=5$, $15-7=8$
따라서 차가 큰 것부터 차례대로 선으로 이어 보면 $16-7$, $15-7$, $14-7$, $12-6$, $14-9$, $11-7$입니다.

17 • $8+5=13$, $9+5=14$
• $12-6=6$, $13-6=7$, $14-6=8$

18 $18-9=9$이므로 ㉠=9입니다.
$16-8=8$이므로 ㉡=8입니다.
⇨ ㉠과 ㉡의 합은 $9+8=17$입니다.

19 민석이의 공에 적힌 두 수의 합은 $5+7=12$이므로 혜인이의 공에 적힌 두 수의 합은 12보다 커야 합니다.
$4+8=12$, $4+9=13$이므로 혜인이는 9가 적힌 공을 꺼내야 합니다.

(96~97쪽) **서술형 평가 ①**

1 ❶ (위부터) 12, 2 **❷** 12개
2 ❶ (위부터) 5, 5 **❷** 5자루
3 ❶ 14 **❷** 13 **❸** 세희
4 ❶ 13 **❷** 4 **❸** 9

1 ❶ 8과 2를 더해 10을 만들고 남은 2를 더합니다.
❷ $4+8=12$(개)
2 ❶ 11에서 1을 먼저 뺀 다음 5를 더 뺍니다.
❷ $11-6=5$(자루)
3 ❶ $8+6=14$
❷ $9+4=13$
❸ $14>13$이고 합이 더 큰 사람이 이기므로 세희가 이겼습니다.
4 ❶ 큰 수부터 차례대로 쓰면 13, 12, 7, 4이므로 가장 큰 수는 13입니다.
❷ 작은 수부터 차례대로 쓰면 4, 7, 12, 13이므로 가장 작은 수는 4입니다.
❸ (가장 큰 수)−(가장 작은 수)=$13-4=9$

(98~99쪽) **서술형 평가 ②**

1 예 사탕을 더 놓았으므로 덧셈식으로 나타냅니다.
$8+5=13$
사탕은 모두 13개입니다. ; 13개

2 예 큰 수부터 차례대로 쓰면 9, 8, 7, 5입니다.
가장 큰 수: 9, 가장 작은 수: 5
⇨ (가장 큰 수)+(가장 작은 수)=$9+5=14$
; 14

3 예 은우의 수 카드에 적힌 두 수의 차는 $12-4=8$입니다.
창호의 수 카드에 적힌 두 수의 차는 $16-9=7$입니다.
따라서 $8>7$이므로 이긴 사람은 은우입니다.
; 은우

4 예 $12-5=7$이므로 ㉠은 7입니다.
$15-7=8$이므로 ㉡은 8입니다.
따라서 ㉠과 ㉡의 합은 $7+8=15$입니다.
; 15

(100쪽) **오답 베스트 5**

1 (위부터) 12, 2 **2** 8개
3 9개 **4** > **5** 연우

1 7을 5와 2로 가르기 하여 5와 5를 더해 10을 만들고 남은 2를 더하면 12입니다.
⇨ $5+7=12$
2 초콜릿의 수에서 사탕의 수를 빼면 $13-5=8$입니다.
⇨ 초콜릿은 사탕보다 8개 더 많습니다.
3 (야구공의 수)−(야구방망이의 수)
=$14-5=9$(개)
4 $15-8=7$, $12-6=6$ ⇨ $7>6$
5 성준: $5+6=11$(개), 연우: $3+9=12$(개)
$11<12$이므로 고구마와 감자를 더 많이 캔 사람은 연우입니다.

30 • 수학 1-2

규칙 찾기

104쪽 쪽지시험 1회

1 ⬤🧊⬤🧊⬤🧊⬤🧊

2 △▽▽△▽▽△▽▽

3 🛢🛢🛢🛢🛢🛢🛢

4 ( )(○) **5** ( )(○) **6** ➡

7 2, 1   **8** ♡   **9** ◆

10 (예) ⬤▽▽⬤▽▽⬤▽▽

1 ⬤와 🧊가 반복됩니다.

2 △, ▽, ▽가 반복됩니다.

3 🛢모양이 큰 것, 작은 것이 반복됩니다.

4 연필과 지우개가 반복됩니다.
따라서 빈칸에 알맞은 그림은 지우개입니다.

5 사과, 귤, 귤이 반복됩니다.
따라서 빈칸에 알맞은 그림은 귤입니다.

8 △와 ♡가 반복됩니다.
따라서 빈칸에 알맞은 그림은 ♡입니다.

9 ☆과 ◆가 반복됩니다.
따라서 빈칸에 알맞은 그림은 ◆입니다.

10 ◯, ▽로 만든 규칙이면 정답으로 인정합니다.

105쪽 쪽지시험 2회

1
노랑	보라	노랑	보라	노랑	보라	노랑	보라
보라	노랑	보라	노랑	보라	노랑	보라	노랑

2
파랑	초록	초록	파랑	초록	초록	파랑	초록	초록
초록	초록	파랑	초록	초록	파랑	초록	초록	파랑

3 (위부터) ◯, ☐ ; ◯

4 (예) △◇◯△◇◯△◇◯

5 (예) ◇◯◯△◇◯◇△◯◇

6 9   **7** 5   **8** 9

9 6   **10** 12

1 첫째 줄은 노란색과 보라색,
둘째 줄은 보라색과 노란색이 반복됩니다.

2 첫째 줄은 파란색, 초록색, 초록색,
둘째 줄은 초록색, 초록색, 파란색이 반복됩니다.

3 첫째 줄은 ◯, ☐가 반복되고,
둘째 줄은 ☐, ◯가 반복됩니다.

4~5 반복되는 규칙으로 모양을 배열하면 정답으로 인
정합니다.

6 5 - 9 - 5 - 9 - 5 - 9
⇨ 5와 9가 반복되는 규칙입니다.

7 5 - 10 - 15 - 20 - 25 - 30
⇨ 5부터 시작하여 5씩 커지는 규칙입니다.

8 1부터 시작하여 2씩 커집니다.
⇨ 1 - 3 - 5 - 7 - ⑨ - 11

9 6과 8이 반복되는 규칙입니다.
⇨ 6 - 8 - 6 - 8 - ⑥ - 8

10 21부터 시작하여 3씩 작아집니다.
⇨ 21 - 18 - 15 - ⑫ - 9 - 6

106쪽 쪽지시험 3회

1 37, 39, 40   **2** 4씩에 ◯표

3 10

4
61	62	63	64	65	66	67	68	69	70
71	72	73	74	75	76	77	78	79	80
81	82	83	84	85	86	87	88	89	90
91	92	93	94	95	96	97	98	99	100

5 △, ▽   **6** ☐, ◯, ☐

7 ×, ◯, ×   **8** 0, 5, 0

9 2, 2, 1   **10** 3, 4, 3, 3

1 규칙에 따라 빈칸에 알맞은 수를 써넣습니다.

2 2−6−10−14−18−22−26−30−34−38
  +4 +4

3 2 − 12 − 22 − 32
  +10 +10 +10

4 62부터 시작하여 3씩 커집니다.

5 해와 달이 반복됩니다.
  ⇨ 해는 △, 달은 ▽로 나타냅니다.

6 ▧와 ⬤이 반복됩니다.
  ⇨ ▧은 □, ⬤은 ○로 나타냅니다.

9 체리, 체리, 딸기가 반복됩니다.
  ⇨ 체리는 2, 딸기는 1로 나타냅니다.

10 ⚃, ⚂, ⚂가 반복됩니다.
  ⇨ ⚃는 4, ⚂는 3으로 나타냅니다.

5 딸기와 참외가 반복됩니다.

7 1과 3이 반복되는 규칙입니다.
  ⇨ 1 − 3 − 1 − 3 −①− 3

8 80부터 시작하여 10씩 작아집니다.
  ⇨ 80 − 70 − 60 −⑤⓪−④⓪− 30

11 25부터 시작하여 5씩 커집니다.
  ⇨ 25 − 30 − 35 − 40 −④⑤− 50

14 병아리, 강아지, 강아지가 반복됩니다.
  ⇨ 병아리는 2, 강아지는 4로 나타냅니다.

15 40부터 시작하여 3씩 커집니다.
  ⇨ 40 − 43 − 46 − 49 − 52 − 55 − 58
   − 61 − 64 − 67 − 70 − 73 − 76
   − 79 − 82 −⑧⑤−⑧⑧

16 19부터 시작하여 2씩 커집니다.
  ⇨ 19 − 21 − 23 − 25 − 27 −②⑨− 31

18 60 − 67 − 74
   +7   +7
  ⇨ 7씩 커지는 규칙입니다.

19 60 − 67 − 74 −⑧①

20 60 − 61 − 62 − 63 − 64 − 65 − 66
   +1 +1 +1 +1 +1 +1
  ⇨ 1씩 커지는 규칙입니다.

107~109쪽 단원평가 1회

1 △▢ △▢ △▢ △▢ (반복)

2 양말   **3** ◇

4
분홍	초록	분홍	초록	분홍	초록	분홍	초록
초록	분홍	초록	분홍	초록	분홍	초록	분홍

5 딸기, 참외
6 참외

7 1   **8** 50, 40   **9** 1

10 2   **11** ㉠

12 ⬤○○⬤○○

13 (예) ○⬤○○⬤○

14 4, 4, 2   **15** 85, 88   **16** 29

17
11	12	13	14	15	16	17	18
19	20	21	22	23	24	25	26
27	28	29	30	31	32	33	34
35	36	37	38	39	40	41	42
43	44	45	46	47	48	49	50

18 7   **19** 81   **20** 64, 65, 66

110~112쪽 단원평가 2회

1 지우개   **2** ( )(○)

3 커집니다에 ○표   **4** ▢

5 ⬤   **6** 2   **7** 30

8 ○, ○   **9** 1   **10** 6

11 다   **12** ③   **13** ⬤, △, △

14 (예) △⬤△△⬤△△⬤△

15 5개   **16** 43, 37

17

파랑	분홍	파랑	분홍	파랑	분홍
분홍	파랑	분홍	파랑	분홍	파랑
분홍	파랑	분홍	파랑	분홍	파랑
파랑	분홍	파랑	분홍	파랑	분홍

18 58   **19** 64, 72, 80   **20** 7

4 ■와 ★이 반복됩니다.

5 ●, ♥, ♥가 반복됩니다.

7 15부터 시작하여 3씩 커집니다.
⇨ 15 − 18 − 21 − 24 − 27 − ㉚

11 양손을 머리 위, 허리, 허리에 두는 동작이 반복됩니다. 따라서 빈칸에 알맞은 동작은 다입니다.

12 34부터 시작하여 5씩 작아지므로 빈칸에 알맞은 수는 19입니다.

15 펼친 손가락이 5개, 2개가 반복됩니다.
빈칸에 들어갈 그림에서 펼친 손가락은 5개입니다.

16 55부터 시작하여 3씩 작아집니다.
⇨ 55 − 52 − 49 − 46 − ㊸ − 40
　 − ㊲ − 34 − 31

18 51부터 시작하여 → 방향으로 1씩 커집니다.
⇨ 51 − 52 − 53 − 54 − 55 − 56
　 − 57 − ㊸

19 56부터 시작하여 ↓ 방향으로 8씩 커집니다.
⇨ 56 − ㉖㊃ − ㉗㉒ − ㉘㉐

20 56 − 63 − 70 − 77
　　 +7　 +7　 +7
⇨ 7씩 커지는 규칙입니다.

113~115쪽 단원평가 3회

1 배, 배   **2** (○)(　) **3** ㉠

4 △   **5** 유주

6

7 9, 4   **8** 40, 45

9 예 세발자전거 1대, 두발자전거 1대가 반복됩니다.

10 3, 2   **11** □, ○   **12** ㉡

13

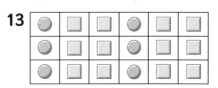

14

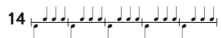

15

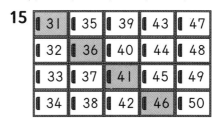

16 5, 커집니다에 ○표

17 4, 작아집니다에 ○표

18

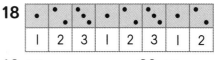

1	2	3	1	2	3	1	2

19 65   **20** 68

7 9, 4, 4가 반복됩니다.

8 10부터 시작하여 5씩 커집니다.
⇨ 10 − 15 − 20 − 25 − 30 − 35
　 − ㊵ − ㊺

10 세발자전거는 3, 두발자전거는 2로 나타냅니다.

11 컵, 접시가 반복됩니다.
⇨ 컵을 □, 접시를 ○로 나타냅니다.

14 큰북, 작은북, 작은북, 작은북이 반복됩니다.

16 색칠한 수는 31, 36, 41, 46으로 5씩 커집니다.

18 점이 1개, 2개, 3개가 반복됩니다.
⇨ 점 1개는 1, 점 2개는 2,
　 점 3개는 3으로 나타냅니다.

19 44부터 시작하여 ↓ 방향으로 7씩 커집니다.
⇨ 44 − 51 − 58 − ㉖㉕

20 ♣는 65이고 65부터 시작하여 → 방향으로 1씩 커집니다.
⇨ 65 − 66 − 67 − ㉖㊇ − 69 − 70 − 71

정답 및 풀이

1 (○)( )　　　**2** ▨

3 ☆　　　**4** 7, 9　　　**5** ( )

6 3　　　**7** 40, 25　　　(○)

8 ㉠　　　**9** 여자, 남자　　　( )

10 ○, ×, ○

11

12 ♡　　　**13** 7, 7　　　**14** 58에 색칠

15 42, 32, 22, 12　　　**16** ④

17 예 빵, 빵, 우유, 우유가 반복됩니다.

18 74, 80　　　**19** 56　　　**20** 47, 53, 59

---

3 ☆, ▽, ☆이 반복됩니다.
　　⇨ 빈칸에 알맞은 모양은 ☆입니다.

4 1부터 시작하여 2씩 커집니다.
　　⇨ 1 - 3 - 5 - ⬚7 - ⬚9 - 11 - 13

5 ・△, △, ▨가 반복되는 규칙입니다.
　　・⬤, △, △가 반복되는 규칙입니다.
　　・⬤, ⬤, △가 반복되는 규칙입니다.

6 3 - 8 - 8 - 3 - 8 - 8 - ⬚3
　　　　　　　　　　　　　㉠

7 55부터 시작하여 5씩 작아집니다.
　　⇨ 55 - 50 - 45 - ㊵ - 35 - 30
　　　- ㉕ - 20

8 축구공, 골프공, 골프공이 반복됩니다.
　　⇨ 빈칸에 알맞은 공은 ㉠ 골프공입니다.

10 남자는 ○로, 여자는 ×로 나타냅니다.

12 닭, 토끼, 토끼가 반복되는 규칙이고 닭을 ♡, 토
　　끼를 △로 나타낸 것입니다.
　　따라서 빈칸에 알맞은 모양은 ♡입니다.

13 달, 달, 별, 별이 반복되는 규칙이고 달을 9로, 별
　　을 7로 나타낸 것입니다.
　　따라서 빈칸에 알맞은 수는 7, 7입니다.

14 34부터 시작하여 4씩 커집니다.
　　따라서 54 다음의 수인 58에 색칠합니다.

---

15 62부터 시작하여 10씩 작아지면
　　62 - 52 - ㊷ - ㉜ - ㉒ - ⑫입니다.

16 고래와 닭 도장이 반복됩니다.

19 42부터 시작하여 ↓방향으로 7씩 커집니다.
　　⇨ 42 - 49 - ㊌ - 63

20 41 - ㊼ - ㊽ - ㊾
　　⇨ 41부터 시작하여 ↙ 방향으로 6씩 커집니다.

1 (○)( )　　　**2** ☆

3 코끼리, 사자, 사자　　　**4** 9, 3

5 선호　　　**6** 흰색　　　**7** 39, 37, 35

8 (위부터) 3, 4, 8, 7　　　**9** (위부터) 7, 6, 2

10 ▨　　　**11** ▨, ○

12
| 42 | | 30 | | 18 | 12 |
| 13 | 24 | 28 | 34 | 36 |

13 ②

14

15 예 빗자루와 쓰레받기가 반복되는 규칙이고 빗
　　자루를 1, 쓰레받기를 2로 나타냈습니다. 따
　　라서 1과 2가 반복되므로 빈칸에 알맞은 수
　　는 2입니다. ; 2

16 예 4씩 커집니다.

17 16, 28　　　**18** 23, 26, 29, 32

19 ㉠, ㉢, ㉡

20 예 66부터 시작하여 →방향으로 1씩 커지므로
　　66 - 67 - 68이고 ㉠은 68입니다. 49
　　부터 시작하여 ↓방향으로 20씩 커지므로
　　49 - 69 - 89이고 ㉡은 89입니다. ; 68, 89

---

2 ◇, ☆, ◇가 반복됩니다.
　　⇨ 빈칸에 알맞은 모양은 ☆입니다.

4 3, 6, 9가 반복됩니다.

7 45부터 시작하여 2씩 작아집니다.

⇨ 45 − 43 − 41 −㊴−㊲−㉟− 33

12 42부터 시작하여 6씩 작아집니다.

⇨ 42 −㊱− 30 −㉔− 18 − 12

13 구두, 운동화, 운동화가 반복됩니다.

16 4부터 시작하여 4, 8, 12, ...로 4씩 커집니다.

17 4씩 커지므로 4 − 8 − 12 − 16 − 20 − 24 − 28
입니다.
　　　　　　　　　　⎵ ㉠　　　　　　⎵ ㉡

18 52 − 55 − 58 − 61 − 64 − 67 − 70 − 73

⇨ 3씩 커지는 규칙입니다.

⇨ 20 −㉓−㉖−㉙−㉜− 35

19 • 31부터 시작하여 2씩 커지므로 ㉠은 37입니다.

• 4부터 시작하여 3씩 커지므로 ㉡은 10입니다.

• 9부터 시작하여 5씩 커지므로 ㉢은 29입니다.

---

1 ❶ 딸기, 배 　 ❷ 배

2 ❶ 5 　 ❷ 5 　 ❸ 23

3 ❶ 3 　 ❷ 43 　 ❸ 43에 색칠

4 ❶ 보, 보 　 ❷ 보, 가위 　 ❸ 7개

---

1 ❷ 딸기와 배가 반복되므로 빈칸에 알맞은 과일은
배입니다.

2 ❶ 3 − 8 − 13 − 18
　　＋5　＋5　＋5

❷ 5씩 커지는 규칙이므로 ㉠은 18보다 5만큼
더 큰 수입니다.

❸ 3 − 8 − 13 − 18 −㉓− 28
　　　　　　　　　　⎵ ㉠

3 ❶ 22 − 25 − 28 − 31 − 34 − 37 − 40
　　　＋3　＋3　＋3　＋3　＋3　＋3

❷ 40보다 3만큼 더 큰 수이므로 43입니다.

4 ❸ ㉠은 보, ㉡은 가위이므로 펼친 손가락은 모두
5＋2＝7(개)입니다.

---

1 예 연필, 연필, 지우개가 반복되므로 빈칸에 알맞
은 물건은 연필입니다. ; 연필

2 예 32부터 시작하여 4씩 작아집니다.

빈칸에 알맞은 수는 20보다 4만큼 더 작은 수
이므로 16입니다. ; 16

3 예 보, 바위, 바위가 반복됩니다.

따라서 ㉠은 바위, ㉡은 보이므로 펼친 손가락
은 모두 0＋5＝5(개)입니다. ; 5개

4 예 색칠한 수는 5부터 시작하여 3씩 커집니다.

같은 규칙으로 40부터 3씩 커지도록 차례대
로 쓰면 40, 43, 46, 49입니다.

따라서 ㉠에 알맞은 수는 49입니다. ; 49

---

1 △, ○ 　 **2** 빨간색 　 **3** 13, 21

4 ⠃ ; 2 　 **5** 수진

---

1 △, ○, △가 반복됩니다.

2 첫째 줄과 셋째 줄에는 초록색, 빨간색, 빨간색,
둘째 줄에는 빨간색, 빨간색, 초록색이 반복됩
니다.

따라서 40이 쓰인 칸에는 빨간색을 칠해야 합
니다.

3 • ●가 있는 줄은 9부터 시작하여 →방향으로
1씩 커집니다. ⇨ 9 − 10 − 11 − 12 −⑬

• ■가 있는 줄은 6부터 시작하여 ↓방향으로
5씩 커집니다. ⇨ 6 − 11 − 16 −㉑

4 ⠃, ⠣가 반복됩니다.

⇨ ⠃는 2, ⠣는 4로 나타냅니다.

5 53부터 시작하여 6씩 커지는 규칙으로 색칠했습
니다. 77보다 6만큼 더 큰 수는 83, 83보다 6만
큼 더 큰 수는 89, 89보다 6만큼 더 큰 수는 95
이므로 바르게 말한 사람은 수진입니다.

정답 및 풀이

덧셈과 뺄셈 (3)

6
단원

130쪽 쪽지시험 1회

1 24	**2** 45	**3** 69
4 17	**5** 60	**6** 58
7 28	**8** 70	**9** 90
10 77		

3 십 모형이 6개이고 일 모형이 9개이므로
모두 69입니다. ⇨ 45+24=69

5
```
    4 0
  + 2 0
  ─────
    6 0
```

6
```
    3 7
  + 2 1
  ─────
    5 8
```

7
```
    2 5
  +   3
  ─────
    2 8
```

8
```
    5 0
  + 2 0
  ─────
    7 0
```

9
```
    3 0
  + 6 0
  ─────
    9 0
```

10
```
    6 3
  + 1 4
  ─────
    7 7
```

131쪽 쪽지시험 2회

1 21	**2** 30	**3** 16
4 21	**5** 20	**6** 13
7 23	**8** 30	**9** 22
10 32		

5
```
    9 0
  - 7 0
  ─────
    2 0
```

6
```
    5 7
  - 4 4
  ─────
    1 3
```

7
```
    2 8
  -   5
  ─────
    2 3
```

8
```
    6 0
  - 3 0
  ─────
    3 0
```

9
```
    4 7
  - 2 5
  ─────
    2 2
```

10
```
    7 4
  - 4 2
  ─────
    3 2
```

132쪽 쪽지시험 3회

1 5, 28	**2** 5, 37	**3** 32, 55
4 28, 29	**5** 17명	**6** 3, 12
7 3, 10	**8** 13, 2	**9** 46, 45
10 17마리		

2 32+5=37(개)

3 23+32=55(개)

5 11+6=17(명)

7 13-3=10(마리)

8 15-13=2(마리)

10 28-11=17(마리)

133~135쪽 단원평가 1회

1 37	**2** 36	**3** 43
4 34	**5** 32	**6** 67
7 60	**8** 22	**9** 진호
10 70 ; 30	**11**	
12 (○)( )	**13** 26, 39 ; 39	
14 13, 13 ; 13	**15** 27, 37, 47, 57	
16 43, 33, 23, 13	**17** 12, 25, 33, 44	
18 ( )	**19** 87	
( )	**20** 16명	
(○)		

3 십 모형은 4개, 일 모형은 6-3=3(개)이므로
43입니다. ⇨ 46-3=43

4 십 모형은 5-2=3(개),
일 모형은 9-5=4(개)이므로 34입니다.
⇨ 59-25=34

5
```
    4 8
  - 1 6
  ─────
    3 2
```

6
```
    6 0
  +   7
  ─────
    6 7
```

8 32-10=22(자루)

9

$$
\begin{array}{r}
5 \\
+\ 3\ 1 \\
\hline
3\ 6
\end{array}
$$

10 합: $50+20=70$

차: $50-20=30$

11 $55-5=50$, $27-5=22$,

$29-7=22$, $58-8=50$

12 $35+4=39$, $90-60=30$

13 $13+26=39$(송이)

14 $26-13=13$(송이)

15 $17+10=27$, $17+20=37$,

$17+30=47$, $17+40=57$

16 $53-10=43$, $53-20=33$,

$53-30=23$, $53-40=13$

17 $36-24=12$, $49-24=25$,

$57-24=33$, $68-24=44$

18 $39+20=59$, $43+13=56$, $50+10=60$

➡ $60>59>56$

19 $65>34>22$이므로 가장 큰 수는 65이고, 가장

작은 수는 22입니다.

➡ $65+22=87$

20 (지민이네 반 여자 어린이의 수)

$=28-12=16$(명)

136~138쪽 단원평가 2회

1 36 **2** 24 **3** 70

4 50 **5** 57 **6** 63

7 63 **8** 13, 11 **9** 10

10 ✕ **11** 4 **12** 3, 29

13 12, 38 **14** 12, 22 ; 22

15 10, 44 ; 10, 24 **16** 33

17 $57-13$, $46-2$에 색칠 **18** 59개

19 13개 **20** 25명

---

1 구슬은 10개씩 묶음 3개와 낱개 6개이므로

모두 36개입니다.

➡ $30+6=36$

2 사탕 28개에서 4개를 덜어 내면 24개가 남습니다.

➡ $28-4=24$

4 십 모형은 $8-3=5$(개)이고 일 모형은 없으므로

50입니다.

➡ $80-30=50$

5

$$
\begin{array}{r}
5\ 1 \\
+\ 6 \\
\hline
5\ 7
\end{array}
$$

6

$$
\begin{array}{r}
2\ 0 \\
+\ 4\ 3 \\
\hline
6\ 3
\end{array}
$$

7

$$
\begin{array}{r}
6\ 7 \\
-\ 4 \\
\hline
6\ 3
\end{array}
$$

8 $24-13=11$(개)

10 $21+31=52$, $30+10=40$,

$20+20=40$, $50+2=52$

11 $27-23=4$

12 $26+3=29$(개)

13 $26+12=38$(개)

14 $34-12=22$(개)

15 $34+10=44$, $34-10=24$

> **참고**
>
> 뺄셈식을 $34-24=10$으로 만들어도 정답으로
> 인정합니다.

16 $74>63>41$이므로 가장 큰 수는 74이고, 가장

작은 수는 41입니다.

➡ $74-41=33$

17

$$
\begin{array}{r}
5\ 7 \\
-\ 1\ 3 \\
\hline
4\ 4
\end{array}
,\quad
\begin{array}{r}
2\ 2 \\
+\ 1\ 2 \\
\hline
3\ 4
\end{array}
,\quad
\begin{array}{r}
4\ 6 \\
-\ 2 \\
\hline
4\ 4
\end{array}
,\quad
\begin{array}{r}
4\ 0 \\
+\ 6 \\
\hline
4\ 6
\end{array}
$$

18 $23+36=59$(개)

19 $36-23=13$(개)

20 (운동장에 남아 있는 어린이의 수)

$=$(운동장에 있던 어린이의 수)

$-$(교실로 들어간 어린이의 수)

$=37-12=25$(명)

정답 및 풀이

139~141쪽 단원평가 3회

1 43   **2** 23   **3** 28

4 29   **5** 90   **6** 60

7 (선으로 연결)

8 12, 15   **9** 12, 38

10 3, 23   **11** 26, 12, 14

12 >   **13** 76, 89

14 (위부터) 82, 30, 52   **15** 40, 30, 70

16 찬우   **17** (위부터) 7 ; 2

18 31개   **19** 87, 64, 58

20 예 일흔다섯은 75이고 마흔은 40입니다.
75−40=35이므로 할머니는 아버지보다
35살 더 많습니다. ; 35살

2 십 모형은 2개, 일 모형은 7−4=3(개)가 남으므로
23입니다.
⇨ 27−4=23

3 도토리 38개 중 /을 긋고 남은 도토리를 세어 보면
28개입니다.
⇨ 38−10=28

4
$$\begin{array}{r} 2\,4 \\ +\quad 5 \\ \hline 2\,9 \end{array}$$

5
$$\begin{array}{r} 4\,0 \\ +\;5\,0 \\ \hline 9\,0 \end{array}$$

6
$$\begin{array}{r} 8\,0 \\ -\;2\,0 \\ \hline 6\,0 \end{array}$$

7 31+5=36, 30+4=34

8 3+12=15(자루)

9 26+12=38(자루)

10 26−3=23(자루)

11 26−12=14(자루)

12 35+31=66, 50+14=64
⇨ 66>64

13 70+6=76, 76+13=89

14 94−12=82, 55−25=30,
82−30=52

15 (전체 수수깡의 수)
=(분홍색 수수깡의 수)+(노란색 수수깡의 수)
=40+30=70(개)

16 32보다 16만큼 더 큰 수는 32+16=48이므로
찬우가 말하는 수는 48입니다.
20보다 25만큼 더 큰 수는 20+25=45이므로
우희가 말하는 수는 45입니다.
⇨ 48>45이므로 더 큰 수를 말하는 사람은 찬우
입니다.

17 낱개의 수: □+2=9, 9−2=□, □=7
10개씩 묶음의 수: 6+□=8, 8−6=□, □=2

18 (남은 구슬 수)
=(처음에 있던 구슬 수)−(동생에게 준 구슬 수)
=36−5=31(개)

19 ■ : 82+5=87
▲ : 60+4=64
● : 24+34=58

142~144쪽 단원평가 4회

1 36   **2** 6, 22   **3** 78

4 41   **5** 80

6 ( )(×)( )   **7** (선으로 연결)

8 20, 23   **9** ㉢

10 13, 59 ; 13, 33   **11** 11, 15

12 15, 11, 26 (또는 11, 15, 26)

13 15, 4, 11   **14** 96 ; 56

15 79개   **16** 11개   **17** 25개

18 57개   **19** 3개

20 예 튤립은 장미보다 3송이 더 많이 있으므로
21+3=24(송이)입니다. 따라서 장미와 튤립
은 모두 21+24=45(송이)입니다.
; 45송이

3
```
    7 3
  +   5
    7 8
```

4
```
    5 5
  - 1 4
    4 1
```

5 40+40=80

6 세로로 계산할 때는 자리를 잘 맞추어 써야 합니다.
```
⇨  5 6          5 6
 +   2    →   +   2
   7 6 ( × )    5 8 ( ○ )
```

7 50+10=60, 69-3=66,
23+43=66, 90-30=60

8 80-60=20, 20+3=23

9 ㉠ 22+34=56, ㉡ 40+13=53,
㉢ 17+40=57, ㉣ 31+21=52
⇨ 57>56>53>52이므로 ㉢이 가장 큽니다.

10 46+13=59, 46-13=33

> **참고**
> 뺄셈식을 46-33=13으로 만들어도 정답으로 인정합니다.

11 4+11=15(권)

12 15+11=26(권)

13 15-4=11(권)

14 76>45>20이므로 가장 큰 수는 76이고, 가장 작은 수는 20입니다.
합: 76+20=96, 차: 76-20=56

15 34+45=79(개)

16 45-34=11(개)

17 (두 사람이 캔 감자의 수)
=(은지가 캔 감자의 수)+(주호가 캔 감자의 수)
=20+5=25(개)

18 (어제와 오늘 떨어진 단풍잎의 수)
=(어제 떨어진 단풍잎의 수)
  +(오늘 떨어진 단풍잎의 수)
=26+31=57(개)

19 57-4=53이므로 53>5□에서 □ 안에 들어갈 수 있는 수는 3보다 작은 0, 1, 2로 모두 3개입니다.

145~147쪽 단원평가 5회

1 68   **2** 60   **3** 63
4 87   **5** 27, 15, 12   **6** ④
7 ㉢, ㉡, ㉠   **8** 10, 41   **9** 24, 10, 14
10 47, 24, 23   **11** 81
12 52 ; 15   **13** 12   **14** (선 잇기)
15 35 ; 12   **16** 56개

17 예 10개씩 묶음 5개와 낱개 7개는 57입니다. 따라서 남아 있는 달걀은 57-14=43(개)입니다. ; 43개

18 33, 54에 ○표   **19** 38명

20 예 5>4>3>1이므로 만들 수 있는 가장 큰 두 자리 수는 54이고, 가장 작은 두 자리 수는 13입니다. 따라서 두 수의 차는 54-13=41입니다. ; 41

1
```
    6 4
  +   4
    6 8
```

2
```
    8 0
  - 2 0
    6 0
```

3 67-4=63

4
```
    6 2
  + 2 5
    8 7
```

5 27-15=12(개)

6 ① 70-20=50   ② 30+20=50
③ 90-40=50   ④ 80-50=30
⑤ 40+10=50

7 ㉠ 4+30=34, ㉡ 40+3=43,
㉢ 30+40=70
⇨ 70>43>34이므로 계산 결과가 큰 것부터 차례대로 기호를 쓰면 ㉢, ㉡, ㉠입니다.

8 31+10=41(병)

9 24-10=14(병)

10 47-24=23(병)

11 85>72>7>4이므로 가장 큰 수는 85이고, 가장 작은 수는 4입니다. ⇨ 85-4=81

12 ▨ : $57-5=52$, ▲ : $39-24=15$

13 규칙에 따라 빈칸을 채우면 ㉠$=23$, ㉡$=35$이므로
㉡$-$㉠$=35-23=12$입니다.

14 $49-4=45$, $68-27=41$, $35-13=22$

15 $20+15=35$, $35-23=12$

16 (지민이와 민재가 캔 고구마의 수)
$=$(지민이가 캔 고구마의 수)
$+$(민재가 캔 고구마의 수)
$=21+35=56$(개)

18 10개씩 묶음의 수의 합이 8이 되는 두 수를 찾아
합을 구합니다.
$33+54=87$, $25+61=86$
따라서 합이 87이 되는 두 수는 33과 54입니다.

19 (현지네 반 여자 어린이의 수)
$=24-10=14$(명)
(현지네 반 어린이의 수)
$=$(남자 어린이의 수)$+$(여자 어린이의 수)
$=24+14=38$(명)

148~149쪽 **서술형 평가 ❶**

1 ❶ 24 ❷ 24개
2 ❶ 75 ❷ 75명
3 ❶ 58 ❷ 34 ❸ 24
4 ❶ 12, 25 ❷ 38개

---

1 ❶ $28-4=24$
❷ $28-4=24$(개)

2 ❶ $33+42=75$
❷ $33+42=75$(명)

3 ❶ 10개씩 묶음의 수가 가장 큰 50과 58 중 낱
개의 수가 더 큰 58이 가장 큽니다.
❷ 10개씩 묶음의 수가 가장 작은 34가 가장 작습
니다.
❸ $58-34=24$

4 ❶ $13+12=25$(개)
❷ $13+25=38$(개)

150~151쪽 **서술형 평가 ❷**

1 예 민재가 처음 가지고 있던 연필은 10자루씩 묶음
5개와 낱개 7자루이므로 57자루입니다. 동생
에게 35자루를 주면 $57-35=22$(자루)가
남습니다.
따라서 남은 연필은 22자루입니다. ; 22자루

2 예 예나가 모은 칭찬 쿠폰은 10장씩 묶음 5개와
낱장 2장이므로 52장입니다.
56장이 되려면 $56-52=4$이므로 4장 더 모
아야 합니다. ; 4장

3 예 백합은 무궁화보다 27송이 더 적으므로
$48-27=21$(송이)입니다.
무궁화와 백합의 수를 더하면
$48+21=69$(송이)이므로 꽃밭에 있는 무궁화
와 백합은 모두 69송이입니다. ; 69송이

4 예 첫 번째 승강장에서 내리고 남은 사람은
$46-4=42$(명)입니다.
이 중 두 번째 승강장에서 21명이 더 내렸으
므로 지금 코끼리 열차에 타고 있는 사람은
$42-21=21$(명)입니다. ; 21명

152쪽 **오답 베스트 5**

1 79 ; 35 **2** 42 **3** 84
4 67자루 **5** =

2 $67>25$이므로
두 수의 차는 $67-25=42$입니다.

3 $88>13>4$이므로
가장 큰 수는 88이고, 가장 작은 수는 4입니다.
⇨ $88-4=84$

4 문구점에 있는 색연필은 $32+3=35$(자루)이므로
문구점에 있는 볼펜과 색연필은 모두
$32+35=67$(자루)입니다.

5 $37-21=16$, $19-3=16$
⇨ $37-21{=}19-3$

수학의 해법이 풀리다!

해결의 법칙
시리즈

단계별 맞춤 학습	혼자서도 OK!	300여 명의 검증
개념, 유형, 응용의 단계별 교재로 교과서 차시에 맞춘 쉬운 개념부터 응용·심화까지 수학 완전 정복	이미지로 구성된 핵심 개념과 셀프 체크, 모바일 코칭 시스템과 동영상 강의로 자기주도 학습 및 홈 스쿨링에 최적화	수학의 메카 천재교육 집필진과 300여 명의 교사·학부모의 검증을 거쳐 탄생한 친절한 교재

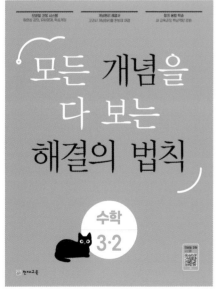

흔들리지 않는 탄탄한 수학의 완성! (초등 1~6학년 / 학기별)

초등학교   학년   반   번

이름

정답은
이안에
있어 !

초등학교   학년   반   번

이름